비유클리드 기하의 세계

기하학의 원점을 탐구하다

데라사카 히데다카 지음
임승원 옮김

전파과학사

머리말

하나의 직선 밖에 있는 한 점을 지나고 이 직선과 **평행**인 직선은 단지 한 개밖에 그을 수 없다는 것이 옛날부터 있었던 보통의 유클리드 기하이다. 그런데 이러한 기하 이외에도 **평행선**을 한 개만이 아니고 두 개나 그을 수 있다는 불가사의한 비유클리드 기하라는 존재를 발견한 지 벌써 100년 이상 지나고 있다. 이런 불합리한 일이 수학이라는 학문에서 일어나도 되는 것일까?

그러한 이유로 이 불가사의한 비유클리드 기하에 대해서는 지금까지도 많은 해설이 나오고 있으나, 그 불가사의함은 좀처럼 해소되지 않는다. 지금 여러분이 읽고 있는 이 『비유클리드 기하의 세계』도 해설서의 하나이지만 나는 여기서 이 불가사의함을 직접 해소시키려는 것은 아니다. 왜냐하면 유클리드 기하라 해도 이상한 부분이 많을 진데, 하물며 비유클리드 기하에는 불가사의한 일이 그밖에도 얼마든지 더 있지 않겠는가라고 당치도 않은 말을 할 정도이기 때문이다. 대체로 수학에서의 불가사의한 일이나 어려운 것은 찾아보면 얼마든지 나온다. 오히려 모르는 것이 계속 나타난다. 바로 이러한 점 때문에 수학을 공부한다는 것이 즐거움이 될 수 있다. 하나에서 열까지 모두가 당연한 것뿐이라면 수학은 무미건조하고 보잘것없는 것이 돼버린다. 사실상 수학은 불가사의하고 모르는 것투성이이며, 그 가운데서 극히 약간의 밝혀진 것만을 정리해서 가르치고 있는 것이 교과서이다. 그래서 수학 교과서를 읽는 것만으로는 수학의 재미를 알 턱이 없다.

서론은 차치하고 이 책의 내용을 간단히 설명하면 먼저 1부는 평행선이란 도대체 어떠한 것일까, 도대체 어떻게 보이는 것일까라는 극히 초보적인 것을 솔직하게 그리고 극히 직관적으로 탐구한다. 그러다 보면 결국 유클리드적인 사고방식과 비유클리드적인 사고방식, 그 어느 쪽이 자연스럽고 어느 쪽이 부자연스러운지 좀처럼 판단할 수 없게 된다. 즉 비유클리드 기하도 있을 수 있다는 것이 1부의 논지이다. 2부는 비유클리드 기하를 발견한 사람들이 그 발견을 위해서 얼마나 괴로워했는가, 또한 어떤 괴로움을 당했는가 하는 고뇌의 역사를 다룬다.

서론에서 수학의 즐거움을 언급했지만, 전문가가 되고 보면 이야기는 달라진다. 3부는 비유클리드 기하를 실제로 만들어보는 이야기인데 이것을 위해서 초등 기하를 응용해 보았다. 구면(球面) 위에 모델을 만드는 것이므로 그림은 충분히 삽입해 두었지만 평소 익숙하지 않은 입체도가 많아 통독하는 것은 조금 힘들지도 모르겠다. 적당히 읽기 바란다. 이밖에 부록으로서 보충 강의(보강)를 실었는데 이것은 특히 의욕이 있는 분을 위해서 설정한 것이다. 물론 읽지 않고 넘겨버려도 괜찮다.

독자가 이 책을 끝까지 통독한다는 것을 별로 기대하고 있지는 않지만, 초보자라도 읽어 보고서 기하학의 불가사의함에 흥미를 갖는 사람이 조금이라도 나온다면 기쁘겠다.

역주) 이 책의 내용은 연로한 필자(데라사카 히데다카 씨)와 제자(A군)의 대담형식으로 서술되었다.

차례

1부
유클리드 기하에서 비유클리드 기하로

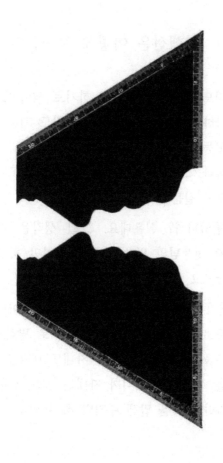

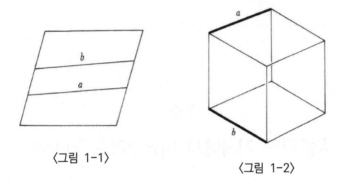

〈그림 1-1〉

〈그림 1-2〉

1. 평행선은 어떻게 보이는가

필자 비유클리드 기하의 이야기를 하기로 되어 있었지만 비유
클리드 기하를 시작하기 전에 유클리드 기하, 즉 보통 중
학교나 고등학교에서 배우는 기하의 기본을 알고 모른다
면 곤란하다. 그래서 먼저 자네가 어느 정도 기하를 알고
있는지 잠시 질문해 보겠네.

A군 구두시험입니까? 싫은데요. 그럴 생각은 아니었습니다.
저는 단지 선생님의 말씀을 듣는 역할만 하고 있으면 된
다고 생각하고 있었습니다.

필자 내가 혼자서 지껄이고 자네는 단지 끄덕이면서 듣고 있
는 것만으로는 의미가 없지. 내가 주로 말하겠지만, 자네
에게 질문을 할 거야. 그 대신 자네도 대답을 하거나 반대
로 질문을 하게나. 그러니까 자네는 일반 독자를 대표해서
극히 당연한 생각을 말해 주기만 하면 되네.

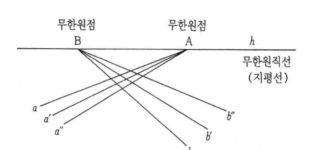

〈그림 1-3〉

A군   알겠습니다. 그러면 시작하세요.

필자   먼저 평행선이란 무엇인지 설명해 보게.

A군   평행선이란 '같은 평면상에 있고 서로 교차하지 않는 두 직선 a, b'를 말합니다(〈그림 1-1〉 참조).

필자   그렇지. '같은 평면상에 있고'라는 것을 잊지 않고 미리 말했으니 기특하군.

A군   그 정도는 상식이지요, 선생님. 〈그림 1-2〉의 정육면체에 서는 a, b는 교차하지 않지만 하나의 평면상에 없으므로 평행이라고는 할 수 없습니다. a, b는 공간 내에서 '비틀려진 위치에 있다.'고 말합니다.

필자   그러면 먼저 첫 단계로 평면상에서 평행선이 어떻게 보이는지 생각해 보자. 지금 시베리아 부근의 대평원에 서서 철도의 선로처럼 똑바로 평행으로 뻗은 직선을 생각한다. 〈그림 1-3〉의 a, a′이 그것이고, 내친 김에 또 1개 a″도 a, a′에 평행인 직선이라 하자. 그러면 a, a′, a″은 지평

〈그림 1-4〉 지평선은 둥글게 보인다?

선의 한 점 A에 모여 있는 것처럼 보인다.

A군 그렇게 보인다고 생각합니다.

필자 a, a′, a″과는 별개로 b, b′, b″과 같은 평행선이 있다
면 그것은 또 별개의 지평선상의 점 B에 집중하는 것처럼
보인다. 그 그림이 〈그림 1-3〉인데, 즉 한 방향의 평행선
은 무한히 먼 곳에 있는 한 점─이것을 무한원점(無限遠點)이
라 부른다─에 모이고 별개 방향의 평행선은 또 별개의 다
른 무한원점에 모이게 되어, 이 무한원점은─앞에서 지평선
이라 하였지만─무한원직선상에 늘어서 있는 것이다.

A군 그러면 선생님, 지평선은 직선입니까?

필자 이상한가? 이 그림은 흔히 볼 수 있는 그림으로, 지평선
은 수평으로 똑바르게 그려져 있을 것이다.

A군 그것은 지평선의 일부분을 그리고 있으니까 직선으로 되
어 있지만, 대평원의 한가운데에 서서 지평선을 빙그르르
둘러보면 어느 방향으로도 지평선이 보이므로 그것을 직

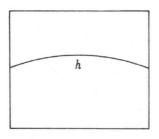

지평선 h는 이렇게 보인다?
〈그림 1-5〉

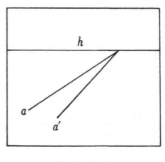

〈그림 1-6〉

선이라 하는 것은 좀 이상합니다. 원이라고 하면 그런대로 괜찮습니다만(〈그림 1-4〉 참조).

필자 야, 이거 뜻밖인데. 자네는 내가 말하는 것을 뜻도 모르고 그대로 받아들일 것으로만 생각하고 있었다네. 그러면 지평선이 둥글게 보이는 것은 지구가 둥글기 때문이겠지.

A군 아니요, 틀립니다. 지구가 구가 아니고 완전한 평면이라도 사방팔방 어느 쪽을 향하여도 마찬가지로 보일 것이므로 역시 원으로 보일 것입니다.

필자 그렇다면 전체를 둘러보면 원이지만 한 방향만 보면 원의 일부분이 직선으로 보인다는 것인가. 그것도 역시 이상하지 않은가.

A군 그러면 지평선의 일부분이 직선으로 보인다는 것은 취소합니다.

필자 그렇다면 〈그림 1-5〉처럼 그리면 되겠는가?

A군 그것은 이상합니다. 지평선은 눈높이로 그리는 것이므로

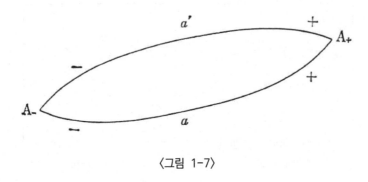

〈그림 1-7〉

그릴 때 똑바로 그리는 것은 괜찮습니다. 그리는 것과 눈에 보이는 것은 다른 것 같습니다.

필자 그렇다면 그림이니까 지평선을 직선으로 그려도 상관없다는 건가. 자, 평행선 a, a′쪽은 어떠한가?

A군 평행선도 역시 실제로 보는 것과 그림으로 그리는 것과는 다르다고 생각합니다. 그것은 a, a′을 한쪽의 (+)쪽을 보고 있으면 A+로 접근하여 보이는 것이라면 반대방향의 (-)쪽을 보면 또 별개의 점 A-로 접근하여 보일 것이기 때문입니다(〈그림 1-7〉 참조).

필자 아무렴. 그렇다면 평행선은 두 개의 무한원점에서 교차하고 있는 것처럼 보이는가?

A군 한번에 두 점에서 교차하여 보이는 것은 아니고 (+)방향을 보면 A+에서 교차하고 (-)방향을 보면 A-점에서 교차하고 있는 것입니다. 즉 (+)쪽을 보고 있는 동안은 a, a′은 과연 (-)에서 교차하고 있는지 어떤지 모르지만 이번에는

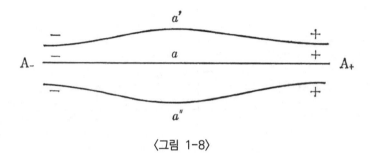

〈그림 1-8〉

(-)쪽을 보면 a, a′이 A-에서 교차하고 있으나 (+)에서 교
차하고 있는지 어떤지는 모릅니다.

필자 자네는 참으로 재미있는 것을 말하네. 그렇다면 A+와 A-
가 동시에 보이지 않으니까 과연 A+, A-의 두 점에서 교
차하고 있는지 어떤지 모른다고 하면, 자네의 이치로 말하
면 A+와 A-는 실은 같은 점일지도 모른다는 것이군.

A군 거기까지 말하고 있는 것은 아닙니다. 선생님의 말씀에
이끌려서 생각나는 것을 말했을 뿐입니다.

필자 아니야, 두 사람이 자꾸만 생각난 것을 말하는 것은 중
요한 일이지. 지금까지 생각한 일도 없는 새로운 아이디어
가 문득 생길지도 모른다.

A군 A+와 A-가 같은 점이라고는 좀처럼 생각할 수 없는데요.

필자 응, 그러나 그것은 대발견일지도 모르지. 그런데 한 조의
평행선 a, a′, a″…이 평면상에 몇 개가 그려져 있고 그
중의 하나 위에 올라타서 바라보았다고 하자. 그렇게 하여

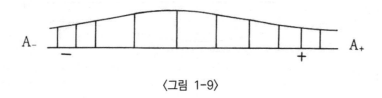

〈그림 1-9〉

(+)쪽을 보면 A₊쪽에서 교차하는 것처럼 보이고 (-)쪽을 보면 A₋쪽에서 교차하는 것처럼 보인다(〈그림 1-8〉 참조). A₊와 A₋가 동시에 보이는 것은 아니라 해도 말이지. 가까운 예로 열차의 선로가 똑바로 깔려 있다면, 레일 사이의 침목은 먼 곳으로 감에 따라서 작게 보이기 때문에 A₊, A₋에서 교차한다, 교차하지 않는다는 것은 별개로 하여도 차츰 접근하는 것처럼 보이는 것은 괜찮겠지(〈그림 1-9〉 참조).

A군 그것은 괜찮습니다.

필자 그렇다면 의문인 것은 a 위에 올라타 있는 사람에게 a가 똑바로 보이는 것은 괜찮다 하고, a′쪽은 (+)의 방향에서도 (-)의 방향에서도 a′으로 접근하여 보이는 것이라면 a′은 똑바로는 보이지 않는 것이 아닌가 하는 것이다(〈그림 1-10〉 참조).

A군 a′ 위에 올라타 있는 사람으로부터 보면 a쪽이 굽어보인

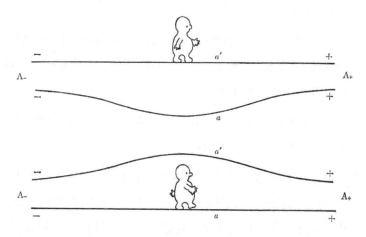

a//a′일 때는 자기가 올라타고 있는 직선만 똑바르게 보인다
〈그림 1-10〉

다는 것이군요. 그렇다면 직선이 똑바로 보인다는 것 자체
가 이상하게 되네요.

필자 직선이 굽어보이는 것이라면 지평선이 직선이고, 게다가
원으로 보이는 것은 이상하지 않은 것 아닌가.

A군 선생님, 그것은 다릅니다. 지평선이 직선이 아니라는 것
은 지평선은 빙글빙글 한 바퀴 돌아서 원래의 위치로 되
돌아오니까 둥글게 보이는 것이지만, 직선이라면 (+)의 방
향, (-)의 방향의 두 개의 방향으로 따로따로 진행하여 원
래의 장소에 되돌아오지 않습니다.

필자 그렇다면 결국 지평선은 전체로서 파악하면 직선과는 다
른 것이라고, 자네는 주장하는 것인가.

A군 이를테면 그렇습니다.

필자 그런 방식으로 도형을 전체적으로 생각하여 직선과 원은 다르다는 것을 수학에서는 직선과 원은 '위상(位相)'이 다르다라고 하는 것이다.

A군 위상이라든가 위상 기하라는 것을 요즘 흔히 듣습니다. 선생님, 위상이란 무엇입니까?

필자 위상이란 무엇인가라고 질문에 대답하는 것은 어렵지만 "직선은 원과는 위상이 다르다."라는 것은 수학적으로는 명확하다. 가급적 간단히 설명하면, "직선은 그 위의 한 점을 제거하면 A, B 두 개의 부분으로 분리되지만(〈그림 1-11〉 참조) 원에서 한 점 P를 제거해도 나머지는 아직 연결된 채로이다."(〈그림 1-12〉 참조)

A군 연결이란 무엇입니까?

필자 연결이라는 것은 '이어져 있다.'라는 의미이지만, 오늘은 위상 기하의 강의를 하고 있는 것이 아니므로 어려운 정의 같은 것은 그만두자. 직선은 한 점을 제거하면 2개의 부분으로 분리되지만 원은 그렇게는 되지 않으므로 직선과 원은 수학적으로는 분명히 구별할 수 있다는 것으로 만족하게나.

A군 선생님은 아까 지평선이 직선이고, 게다가 원으로 보이는 것은 이상하지 않다고 말씀하셨는데 역시 모순되고 있는 것은 아닙니까?

필자 그래, 직선과 원은 다른 도형이라고 지금 막 증명한 셈

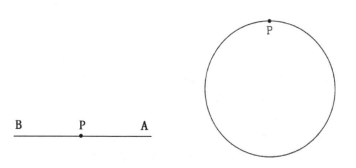

직선은 P로 둘로 분리된다
〈그림 1-11〉

원은 점 P로 둘로 분리되지 않는다
〈그림 1-12〉

이니까 말이지. 그러나 이것은 직선이 굽어보일 정도라면 그 밖에 이상한 일이 일어나도 어쩔 수 없지 않은가라는 생각도 섞여 있었던 것이다. 지금까지 이상한 이야기가 계속해서 나왔는데, 그러면 그 원인이 무엇일까?

A군 이야기의 실마리는 평행선이었습니다. 평행선은 무한원점에서 나오는 직선이라고 생각한 것이 잘못되었던 것 아닐까요.

필자 그것도 그렇군. 예컨대 처음에 평행선은 지평선의 부분에서 나오고 있는 것처럼 보인다 하여 그림을 거론해 보았는데 그런데도 이 그림에 대해서는 아무도 이의를 제기하지 않는 것 같다. 그러나 이상한 부분은 분명히 있다.

A군 무엇일까요?

필자 a, a′은 A의 부분에서 막혀 있지만 직선은 얼마든지 뻗고 있을 것이므로 A를 넘어서 〈그림 1-13〉처럼 더 앞으로 뻗어가도 되는 것이다.

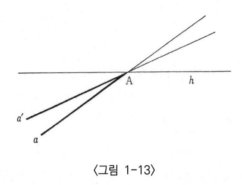

〈그림 1-13〉

A군 앗, 정말! 그렇지만 A는 무한히 먼 곳이므로 무한의 끝이
보이는 것은 오히려 이상합니다.

필자 그러면 A의 전방에 가늘게 그린 직선은 도대체 무엇일까?

A군 잘 모르겠습니다. 그러나 적어도 이 평면상에 실려 있는
직선이 아닌 것은 확실합니다.

필자 정말 확실한가? 그리고 또 한 가지. 뭐니 뭐니 해도 이
상한 것은 a, a′이 (+)의 방향에서 A₊와 교차하고 있는
것이라면 (-)의 방향에서도 A₋에서 교차하고 있음에 틀림
없다는 것. 자네의 해명에 의하면 A₊와 A₋는 같은 점일지
도 모르지…….

A군 그것은 선생님이 말씀하신 겁니다.

필자 자네의 발상은 훌륭하지만, 다소 이해하기 어렵다. 아무
튼 A₊와 A₋가 같은 점인지 다른 점인지는 나중에 생각하
기로 하자. 앞에서의 논의대로라면 지평선과 평행선 전체
를 상상적으로 그린 그림은 〈그림 1-14〉와 같은 것이 된

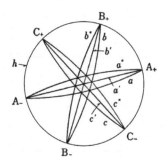

〈그림 1-14〉

다. 이 그림은 지평선이 빙그르르 우리들을 둘러싸는 원형의 선이고, 평행선을 우리들의 주위에 빙그르르 한 바퀴 돌리면 평행선상의 무한원점이 원을 일주하는 그림이다.

A군 묘한 그림이네요. 평면과 직선이 전부 원 속에 들어와 버립니다.

필자 평행선이 서로 굽은 직선으로 보인다(〈그림 1-17〉 참조)는 것도 이상한 일이다. 평행선이 무한원점에서 나오는 직선이라고 생각한 것이 잘못일까?

A군 앞에서도 그린 그림 〈그림 1-15〉은 극히 자연스러운 것처럼 생각됩니다. a, a′을 연장한 〈그림 1-13〉은 곤란합니다만.

필자 우리들은 이제까지 평면에 서서 평행선을 바라보았다고 하고 이야기를 나누었는데, 이러한 것을 '사고실험'이라 말하기도 한다. 그러나 사고실험과 실제의 것을 보았을 때, 본 것을 그림으로 그린 것은 제각각 다르다. 그림에서

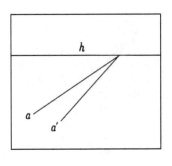

〈그림 1-15〉

도 투시도로 그린 그림과 느낌을 그린 그림은 다르다.

A군 위의 그림은 투시도였군요.

필자 그렇다. 투시도라는 것은 기하학적으로 말할 것 같으면 눈의 위치 O와 물체상의 점 P를 연결한 직선 OP가 화면과 교차한 점 P′의 궤적인데, 점 P가 눈의 뒤쪽에 있으면 O에서 P로 연결하는 직선은 보통의 그림에서는 화면에는 나타나지 않으므로 정면 쪽만이 그림에 나타나는 것이다. 물체상의 점 P가 눈의 뒤에 있어도 상관하지 않고 O와 P를 지나는 직선과 종이의 교점 P′을 화면에 그리면—이러한 것을 O에서 화면에 투영(投影)한다든가 사영(射影)한다고 말한다—〈그림 1-17〉의 평행선 a, b는 화면상에서 a′, b′이 돼서 무한원선을 사영한 직선 h상에서 교차하게 된다.

A군 그렇게 하면 평행선 a, b의 (+)방향의 무한원점 A₊도, (-)방향의 무한원점 A₋도 화면상에서는 한 점으로 돼서 나타나는 것이군요. 그래서 직선상의 (+)방향의 무한원점 A₊

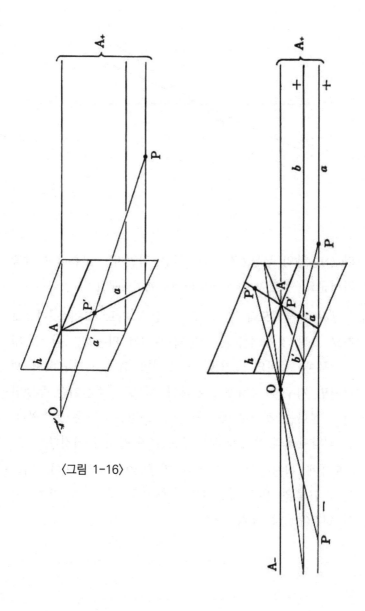

〈그림 1-16〉

〈그림 1-17〉

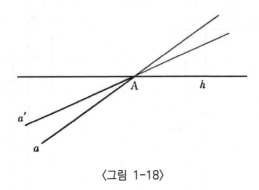

〈그림 1-18〉

와 (-)방향의 무한원점 A-가 같은 점일지도 모른다고 말씀
하셨군요. 이것이 위 그림의 수수께끼였군요.

필자　그러나 투시도라 할지라도 직선은 자로 그린 것이므로
자로 그린 것과 실물은 어떻게 관계가 있는지는 알 수 없
다. 물론, 종이의 크기를 더 스케일 업(Scale Up)해서 생
각하면 지구의 크기에도 관계가 되므로 '직선이란 무엇인
가', '본다는 것이란 무엇인가', '그린다는 것은 무엇인가'
등 각양각색의 복잡한 사항이 뒤얽혀 문제가 커진다.

　도대체 직선이란 무엇인가, 평행선이란 무엇인가, 기하
학의 근본을 만든 유클리드는 어떻게 생각하고 있었는지
그 원전(原典)을 조사해 보자.

2. 유클리드의 『원론』을 보다

필자 유클리드는 기원 전 300년경, 그 무렵 학문의 중심지였던 알렉산드리아에서 활약한 사람으로, 그가 남긴 저작 『스토이케이아』가 사본으로 전해지고 있다. 스토이케이아라는 것은 '원리'라고 하는 의미의 그리스어이고, 이 책은 고전적인 그리스어와는 조금 다른 그리스어로 적힌 수학의 고전 중의 고전이다. 13권으로 구성되어 있는데, 초반에는 느닷없이 23개의 정의를 즐비하게 늘어놓고 그로부터 공리와 정리가 있으며 곧 그 증명이 있다는 순서로 되어 있다. 기하 이외에 정수론이나 실수론, 어려운 특수한 무리수 등을 논하고 있으며, 마지막 13권에서는 플라톤의 정다면체라 일컬어지는 5개의 정다면체가 확실히 존재한다는 증명을 하고 있는 굉장한 책이란다.

A군 기원 전 300년이라 하면 이웃의 중국에서는 전국시대, 일본은 겨우 미생식(彌生式) 문화가 나오기 시작한 무렵이 아닙니까.

필자 그런가? 나는 미생식인지 승문식(繩文式)인지 구별이 되지 않는데 자네는 잘 알고 있군. 아무튼 그러한 먼 옛날에 증명이 들어간 이론체계를 짰다는 사실이 놀랍다. 일본에서는 훨씬 근세의 일이지만 화산(和算, 중국의 고대 수학을 기초로 하여 에도시대에 일본에서 발달한 수학—역주)에서 원리(圓理)라는, 지금으로 말하면 고등수학인 적분학과 같은 것이 발견되어 있었고 그 덕분으로 메이지시대에 양산(洋算:

서양식 셈법―역주)이 수입되자 즉각 양산을 소화흡수해 버렸다. 그러나 동양 수학의 결점으로서 수학도 오로지 직관적이고 옳다면 논리 따위는 어뗘해도 괜찮다고 하는 경향이 있었기 때문에 평행선의 문제로 고생한 결과가 비유클리드 기하의 발견으로 되었다는 사상적인 발전은 있을 리가 없었다. 그러면 『스토이케이아』를 번역한 『원론』의 첫 부분을 잠시 검토해 보자. 텍스트는 여기에 있는 나카무라 고시로(中村幸四郞) 외 세 명의 역주에 따른, 『유클리드의 원론』을 사용한다. 이 번역은 그리스 원전으로부터의 최초의 일본어역이고 1971년에 출판된 것이다.

A군 굉장한 호화판이군요.

필자 유클리드는 어뗘한 사람이었는가, 『원론』은 어뗘한 책이었는지 등을 알고 싶으면 그 책을 보면 된다. 오늘은 수학적인 이야기만 할 것이니까 말이지.

  그러면 처음 부분을 조금 읽어 보아라. 모르는 부분은 해설해 나갈 테니까.

A군 먼저 1권은―느닷없이 정의로서

  정의 1 점이란 부분이 없는 것이다.

  즉, 점이란 그것 이상 작게 할 수 없는 최소한도의 도형의 기초라는 것이겠지요(〈그림 1-19〉 참조).

필자 그대로야. 현대수학에서도 기하의 도형은 점의 집합이라고 보는 것이 보통이니까 말이지.

A군 도형을 점의 집합으로 보지 않는 일도 있습니까?

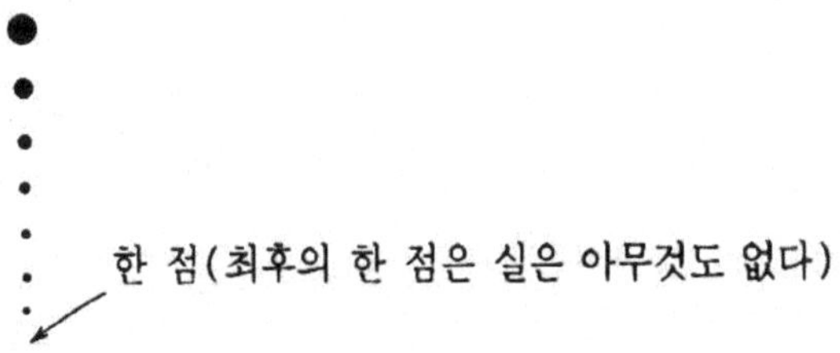

한 점(최후의 한 점은 실은 아무것도 없다)

〈그림 1-19〉

필자 사영 기하에서는 직선이나 평면을 점의 집합으로 보지는 않는다. 그러나 보통은 도형을 점의 집합이라고 생각해도 무방하다.

A군 다음은

정의 2 선이란 폭이 없는 길이이다.

폭이 없는 길이라 하면 알기 힘드네요.

필자 그렇군. 훨씬 나중의 11권에 가면

정의 입체란 길이와 폭과 높이를 갖는 것이다.

라는 것이 있다. 그래서 〈정의 2〉는

정의 2′ 선이란 폭을 갖지 않고 길이만 갖는 것이다(〈그림 1-20〉 참조).

라고 되어 있다면 나머지의 정의와도 보조가 서로 맞고 있고 원문을 그렇게 고쳐 읽으면 되는 것이 아닌가라고 나는

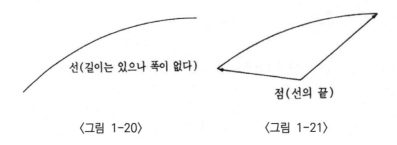

선(길이는 있으나 폭이 없다)

점(선의 끝)

〈그림 1-20〉 〈그림 1-21〉

생각하고 있다. 나의 독단일까.

A군 다음으로 넘어갑니다.

　　정의 3 선의 끝은 점이다(〈그림 1-21〉 참조).

필자 점의 정의는 〈정의 1〉에 있었지만 여기에서 반복하고 있
　　군. 별개의 말로 고쳐 말한 느낌이지만 여기서는 선과의
　　관련을 말하고 있는 것이다. '끝(端)'이라 하는 것은 제법
　　좋은 개념이란다. 〈정의 5〉와 〈정의 6〉을 읽어보게.

A군 그러면 〈정의 4〉는 뒤로 미루고

　　정의 5 면이란 길이와 폭만을 가지는 것이다(〈그림 1-22〉 참조).

　　정의 6 면의 끝은 선이다(〈그림 1-22〉 참조).

　　라 되어 있습니다. 그렇다면 면은 길이도 폭도 갖고 있지
　　만 "면의 끝은 폭이 완전히 없어져서 길이만 남기 때문에
　　결국 선이다."라는 것입니까? 멋지군요.

필자 자네는 이해가 빠르군. 그러면 하는 김에 앞으로 되돌아

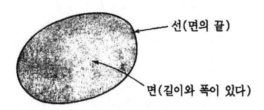

〈그림 1-22〉

가서 '점'을 생각해 보자. 자네, 선의 끝이 점으로 되어 있는 그림을 그려보게.

A군 전과 같은 〈그림 1-21〉이면 안 됩니까?

필자 그 그림은 선에 굵기가 있으므로 안 돼.

A군 굵기가 없는 선을 그리지 않으면 안 되는 것입니까?

필자 그렇다네.

A군 그렇다면, 맨 먼저 면 M을 그리지 않으면 안 되는 것이네요.

필자 그래, 그래, 그리고?

A군 M의 끝은 선 a로 되어 있지만 a의 끝이 없군요.

필자 어떻게든 해서 a의 끝을 만드는 거지(A군은 잠시 심사숙고하고 있다. 그동안 선생은 잠시 쉰다).

A군 선생님, 알았습니다. 또 하나의 면 N을 그리면 a가 N의 끝에 부딪친 부분이 a의 끝, 즉 점입니다(〈그림 1-23〉 참조).

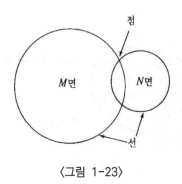

〈그림 1-23〉

필자 명답이다. 앞의 그림을 살리는 것이라면 폭이 있는 2개의 선 ℓ, m을 그어 ℓ, m의 확대도를 그리면 자네가 생각한 것과 같은 이유로 4개의 '부분을 갖지 않는 그림', 즉 '점' A, B, C, D가 나타난다(〈그림 1-24〉 참조).

A군 그러면 앞으로 되돌아가서 〈정의 4〉를 읽습니다.

> **정의 4** 직선이란 그 위에 있는 점에 대해서 한결같이 가로 놓인 선이다(〈그림 1-25〉 참조).

필자 이것이 대망의 직선의 정의이다. 직선이란 똑바르게 보이는 선이라든가, 두 점간을 연결하는 가장 짧은 선이다 하는 식으로 말하고 있지 않다는 점이 대견스럽다.

A군 그러나 한결같이 가로놓인 선이라고 하는 것은 이상합니다. 원도 한결같이 가로놓인 선이라고 생각합니다(〈그림 1-26〉 참조).

필자 직선은 얼마든지 연장할 수 있다는 것이 나중의 공준(公

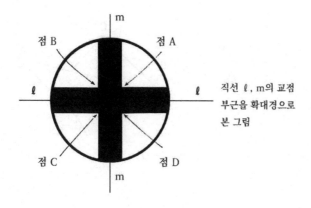

〈그림 1-24〉

〈그림 1-25〉

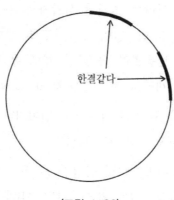

〈그림 1-26〉

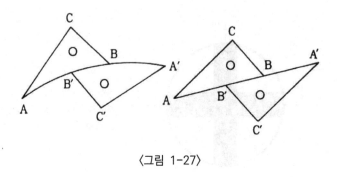

〈그림 1-27〉

準)에 있는 것이란다.

A군 그렇습니까? 하지만 원이라 해도 원둘레를 빙글빙글 돌아
도 괜찮다면 얼마든지 연장할 수 있습니다.

필자 그래, 자네는 상당히 재미있는 것을 말하는군. 이것은 큰
문제이다. 그러나 그것에 대한 논의는 나중에 또 하기로
하고 당장은 다음과 같이 일단 상식적으로 해석하여 보자.
예컨대 삼각자 △의 변 AB가 똑바르다는 것을 검사하려
면 먼저 △′이라는 별개의 삼각자를 만들어서 △′의 변
A′B′이 AB와 빈틈없이 딱 맞도록 한다. 그렇게 하면
△′을 △에 빈틈없이 꼭 맞힌 채로 우로도 좌로도 옮길
수 있었다고 하자(〈그림 1-27〉 참조). 그렇게 하면…….

A군 그렇게 하면 AB는 똑바르거나 원이거나 둘 중 하나입니
다. 원이라 해도 원의 호입니다만.

필자 그래서 귀찮지만 제3의 삼각자 △″을 마찬가지로 만들어
보았을 때(〈그림 1-28〉 참조), 만일 AB가 원의 호이고 따

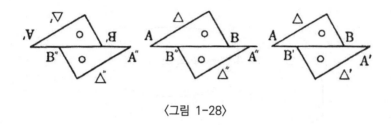

〈그림 1-28〉

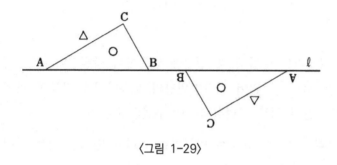

〈그림 1-29〉

라서 △′도 △″도 변 A′B′, A″B″이 AB와 빈틈없이 꼭 맞는 원호였다면 △′△″은 맞지 않고 만일 △′△″이 빈틈 없이 꼭 맞는다면 원래의 AB도 똑바르다는 것이다.

이 검사법을 직선의 정의로 한 것이 〈정의 4〉라고 생각 해도 되는 것이 아닌가.

A군 즉, 선 ℓ을 따라서 삼각형 △을 이동시키면 ℓ은 직선이 거나 원이지만, 이 △을 ℓ의 반대 측에도 빈틈없이 얹을 수 있다면 ℓ은 직선이라는 것이네요(〈그림 1-29〉 참조).

필자 그러한 것이다. 망원경의 렌즈를 연마하는 것도 마찬가지 원리로 하고 있는 것이지.

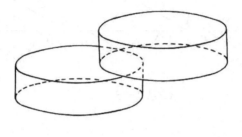

〈그림 1-30〉

A군   실은, 저도 중학생 때 천문에 열중하여 망원경이 갖고 싶
어서 견딜 수 없어 반사망원경의 오목면경을 만들어 보려
고 했는데 너무 어려워서 그만두었습니다.

필자   유리를 두 장 합쳐서 빙글빙글 돌리고 있으면 되는 것이
아닌가(〈그림 1-30〉 참조).

A군   여간해서 이치대로는 되지 않습니다. 원리적으로는 A, B
두 장의 유리판 사이에 카보런덤인가 하는 고운 연마분에
물을 섞은 것을 넣어 끈기 있게 잘 갈아서 맞추는 것입니
다. 연마분을 거친 것으로부터 아주 미세한 것으로 바꿔
가면 얼마든지 구면(球面)에 가까운 것이 만들어지지만, 이
것만으로는 렌즈의 표면이 거칠어 불투명 상태의 유리로
되어 있으므로 이번에는 피치(Pitch)와 벵갈라(Bengala)를
사용해서 반짝반짝하게 마무리합니다. 그런데 반사망원경
의 오목면경은 파라볼라면으로 바꾸지 않으면 안 되므로
몇 번씩이나 측정하고는 연마하고 또 측정하고는 연마하
는 이것이 또한 큰일입니다. 이야기가 빗나갔네요.

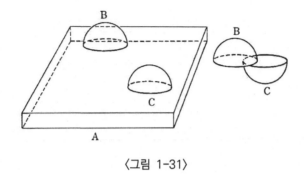

〈그림 1-31〉

필자 구면이라면 약간 편한데 말이지. 그래서 만일 평면경을
만드는 것이었다면 앞에서의 △ 때와 같이 세 장의 유리
를 서로 연마하여 맞추어 어느 것도 빈틈없이 꼭 맞도록
된다면 평면유리가 만들어진 것이 된다(〈그림 1-31〉 참조).
즉 B와 C가 A에 빈틈없이 꼭 맞고 또 BC끼리도 빈틈없
이 꼭 맞는다면 이 3개가 어느 것도 움푹 패어 있지 않고
또 볼록 부분도 없으므로 A는 평면이라는 것이다(〈보강 9〉
참조). 그리하여 직선의 정의를 모방하면

　평면의 정의　평면이란 그 위에 있는 점에 대해서 한결같이
　　　　　　가로놓인 면이다.

　이거 실례했어. 『원론』을 내버려두고 제멋대로 정의를
해 버렸다. 다음으로 진행시키기 바라네.

A군 그러면 읽습니다.

　정의 7　평면이란 그 위에 있는 직선에 대해서 한결같이 가
　　　　로놓인 면이다.

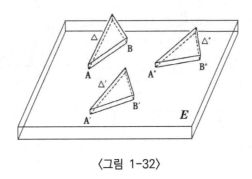

〈그림 1-32〉

이것은 지금 선생님이 말씀하신 평면이지만, 정의가 조금 다르네요.

필자 그래, 유클리드는 평면의 정의 속에 평면이 직선을 전부 포함해 버린다는 것과 그 위의 각 점에 대해서도 각 직선에 대해서도 한결같다는 것을 한꺼번에 잘 읽어 이해하고 있기 때문이지. 사실은 말이지, 직선을 정의하기 전에 평면을 정의해 두는 편이 순서로서는 좋다네.

아까 삼각자를 사용해서 선이 똑바른지 어떤지를 조사하는 이야기를 하였는데 그때의 삼각자는 처음부터 평면상에 놓여 있다는 것을 묵시적으로 가정하고 있었던 것이다. 더 현실적으로, 직선을 만들려면(〈그림 1-32〉 참조)

1. 먼저, 앞서 한 것처럼 하여 평면유리판 E를 만든다.

2. 밑바닥이 E에 빈틈없이 붙어 있는 삼각형의 유리판 △, △′, △″을 만들고 이 세 개를 E 위에 놓으면서 삼각형의 밑변 AB, A′B′, A″B″을 차례차례로 반복하

여 연마해서 맞추면, 밑변이 똑바른 유리의 삼각자가 완성된다.

A군 결국 실제의 삼각자는 두께가 있다는 것이네요.

필자 이렇게 하여 평면유리 E 위에 선분 AB가 만들어지면 그것을 연장하여 직선을 만들 수 있고, 평면이 그 위의 직선에 대해서 한결같다는 것도 △를 E 위에서 미끄러뜨려 감으로써 알 수 있다. 더 중요한 것은 삼각형을 평면 E 위의 임의의 곳으로 가지고 갈 수 있으므로 선분으로도 그 밖의 도형으로도 형태를 바꾸지 않고 그 밖의 임의의 위치로 옮길 수 있다. 이러한 것을 전부 통틀어서 "평면은 그 위에 있는 직선에 대해서 한결같이 가로놓인 면이다." 라고 한마디로 말하고 있는 것이다. 다만 이것은 나 개인의 상상이고 역사적인 뒷받침은 없는 것이지만 말이지.

A군 평면의 정의도 제법 의미심장한 것이군요.

필자 『원론』에서는 이다음에 〈정의 8〉 이하 직각이라든가 예각이라든가 하는 각의 정의나 원의 정의 등이 있지만, 그것은 건너뛰고 마지막 〈정의 23〉을 읽어주게나.

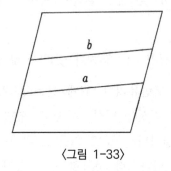

〈그림 1-33〉

3. 평행선이란 무엇인가

A군   그러면 읽겠습니다.

> **정의 23**   평행선은 동일한 평면상에 있고 양방향으로 끝없이
> 연장해도 어느 방향에 있어서도 서로 교차하지
> 않는 직선이다(〈그림 1-33〉 참조).

필자   유클리드가 말하는 직선은 원래 무한으로 뻗은 무한직선
이 아니라 선분과 같은 것을 생각하고 있는 것 같다. 얼마
든지 연장할 수 있는 가능성을 가진 유한의 직선이지. 이
점은 극히 신중하고 주의 깊다. 애매하기도 하다.
　이럭저럭 이것으로 도형의 정의는 끝났지만 정의만으로
는 아까 언급한 것처럼 아직도 도형을 다루는 데에 불충분
하다. 다음에 공준이라는 것이 적혀 있다. 공준이라는 것
은 위에서 정의한 도형 중 점이라든가 직선, 원 등 극히
기본적인 도형 사이의 관계를 언급한 것이지. 일종의 약속

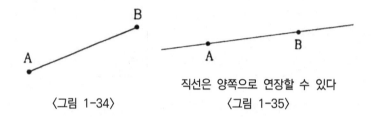

〈그림 1-34〉

직선은 양쪽으로 연장할 수 있다
〈그림 1-35〉

이라고나 할까? 서로 논의하고 있는 사람 사이에서 서로 미리 인정하는 사항을 말한다. 정의라 하더라도 약속이라는 점에서는 마찬가지의 것이지만 말이지. 자, 읽어보게.

A군 공준(요청)

다음의 것이 요청되어 있다 하자.

공준 1 임의의 점에서 임의의 점으로 지선을 그을 것(〈그림 1-34〉 참조).

공준 2 그리고 유한직선을 연속해서 일직선으로 연장할 것 (〈그림 1-35〉 참조).

필자 〈공준 1, 2〉를 하나로 합치면

두 점을 지나는 직선은 오직 하나 있다.

와 같은 고등학교 교과서식의 표현방법이 된다.

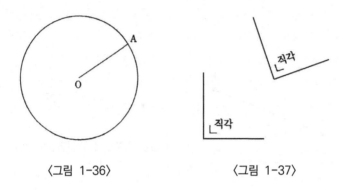

〈그림 1-36〉　　　　　　　〈그림 1-37〉

A군

　　공준 3　그리고 임의의 점과 거리(반지름)를 가지고 원을 그
　　　　　　릴 것(〈그림 1-36〉 참조).

　　컴퍼스를 사용해도 된다는 것이네요.

필자　이를테면 그렇지. 다만 컴퍼스라 해도 이론상의 컴퍼스이
　　　지만 말이야. 이것도 상당히 의미심장하나 당장은 논평을
　　　하지 않기로 하자.

A군　다음의 것은 어떠한 의미가 있는 것일까요.

　　공준 4　그리고 모든 직각은 같을 것(〈그림 1-37〉 참조).

필자　집을 짓는 데에도 무엇을 하는 데에도 직각이라든가 수
　　　직이라는 것은 중요하니까 말이지. 직각을 각의 단위로 하
　　　는 것은 현명한 일이야.

A군　다음은 드디어 평행선의 공준이 되는데 한두 번 읽는 정
　　　도로는 종잡을 수 없습니다.

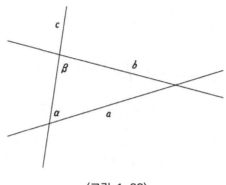

〈그림 1-38〉

필자 이왕 그림을 그리는 김에 이름을 붙이면서 읽어보게나.

A군 직선이나 각에 이름을 붙여서 읽습니다.

　공준 5 　그리고 한 직선 c가 두 직선 a, b와 교차하고 같은
　　　　　쪽의 내각 α, β의 합 α+β를 2직각보다 작게 하고
　　　　　서 이 두 직선 a>b를 끝없이 연장하면 2직각보다
　　　　　작은 각이 있는 쪽에서 교차한다(〈그림 1-38〉 참조).

　그림을 그리면 말하고 있는 것만은 알 수 있습니다.

필자 그래, 그림대로이니까 말이지. 하지만 α, β의 합 α+β가
2직각과 같을 때는 어떻게 될까?

A군 α+β가 2직각이라면 a, b는 평행이 됩니다(〈그림 1-40〉
참조). 왜냐하면 α+β가 2직각이라 하고 a, b가 C에서 교
차하였다고 하면 〈그림 1-39〉에서 △ABC를 평면상에서
움직여서 변 AB를 역으로 BA에 겹친 삼각형을 △ABC′
이라 하면 CA와 AC′은 일직선이 되고 CB와 BC′도 일직

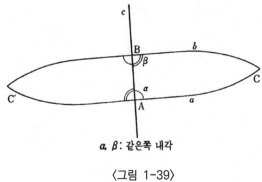

α, β: 같은쪽 내각

〈그림 1-39〉

선이 되므로 두 직선 CAC′과 CBC′이 두 점 C, C′에서 교차하는 것이 되어 불합리합니다.

필자 대체로 그러한 것이지.

A군 엄격하시네요, 어째서 대체로입니까?

필자 그래, 그것은 점 C와 C′이 같은 점일지도 모르기 때문이다.

A군 그렇지만 선생님, C와 C′은 직선 c의 반대쪽에 있는 것이므로 같은 점일 수는 없습니다.

필자 바로 그거야. 직선 c가 평면을 두 개의 반대쪽으로 나눈다(〈그림 1-40〉 참조)는 것이 문제이다.

A군 그러나 선생님, 〈공준 5〉에서도 직선 a, b는 α+β가 2직각보다 작은 '쪽'에서 교차한다고 말하고 있는 것이 아닙니까. 직선이 평면을 양쪽으로 나누는 것은 당연히 언외(言外)의 가정에 들어가 있습니다.

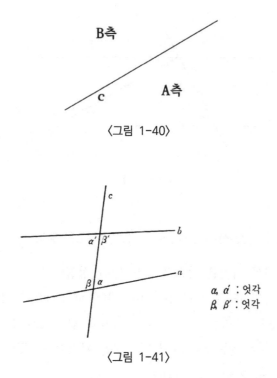

〈그림 1-40〉

α, α' : 엇각
β, β' : 엇각

〈그림 1-41〉

필자 자네도 상당히 혹독하게 추궁하는군. 그러면 자네의 설에 따라서 유클리드는 "직선이 평면을 두 쪽으로 나눈다."는 것을 넌지시 가정하고 있는 것으로 해 두자.

그리고 "같은쪽 내각의 합 $\alpha+\beta$가 2직각과 같다."라고 하는 대신에 "엇각 α, α' 또는 β, β'이 같다."라 해도 되고 이렇게 하는 편이 말로서는 간단하지(〈그림 1-41〉 참조). 그렇게 하면 a, b가 평행이라 할 때 a, b를 직선 c 로 자르면 엇각 α, α'은 같아진다(같지 않으면 〈공준 5〉에 의해서 a, b는 교차해 버리기 때문에). 그래서

44

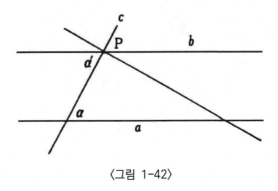

〈그림 1-42〉

정리 평행선을 일직선으로 자르면 엇각은 같다.

가 돼서 이것은 참으로 쓸모 있는 성질이다.

그리고 또 하나 a//b(a, b는 평행) 때 b상의 점 P를 지나서 b와 틀리는 직선 x를 그으면(〈그림 1-42〉 참조) 〈공준 5〉로부터 x는 a와 교차하는 것을 확인할 수 있다.

A군 그러면 〈공준 5〉 대신에

공준 5 직선 a상에 없는 점 P를 지나서 a와 평행인(즉 a와 교차하지 않는) 직선은 오직 하나이다.

라고 하여도 되는 것이네요.

필자 그 쪽이 훨씬 알기 쉽다. 하지만 평행선에는 또 하나의 별개의 견해가 있다.

그것은 먼저 직선 a상에 없는 한 점 P에서 a에 수선 PH를 내리고(〈그림 1-43〉 참조), P부분에서 PH에 수선 b를 세우면 자네가 아까 증명한 것으로 a, b는 평행이 된

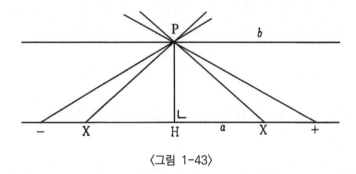

〈그림 1-43〉

다. 그래서 이번에는 a상에 동점(動點) X를 잡아서 이 X를
a상에서 (+)의 무한원(無限遠)의 방향으로 자꾸 움직여 가
면 직선 PX는 끝없이 b에 접근하여 간다. X를 a상에서
(-)의 무한원으로 쫓아 보내도 역시 직선 PX는 b로 끝없
이 접근한다. 그래서 a와 평행인 b라 하는 것은 X를 a상
에서 (+)의 방향으로 무한의 먼 곳으로 쫓아 보냈을 때의
극한의 위치이기도 하고, X를 (-)의 방향으로 무한원으로
쫓아 보냈을 때의 극한의 위치이기도 하다. 미적분에서는
수의 극한값을 생각하지만, 기하에서는 도형의 극한의 위
치라든가 극한의 도형이라든가를 생각한다. 평행선이란 교
차하고 있는 두 개의 동직선(動直線)이 마침내 교차하지 않
으려고 하는 극한의 위치이기도 한 것이다.

A군 이 평행선으로부터 선생님의 이야기가 시작된 것이었군요.

필자 내가 이 장의 첫머리에서 평행선 이야기를 시작하였을
　　　때 우리들은 이 평행선이라는 것이 굽어보이니까 이상하
　　　다든가, 직선이란 도대체 무엇인가라든가 그밖에 여러 가

지 의문점에 부딪쳐서, 그러면 유클리드의 『원론』에서는
어떻게 되어 있는가를 알아보기로 한 것이다.

4. 비유클리드 기하로의 접근

필자 『원론』은 이 정도로 하고 출발점의 화제로 되돌아가자.
『원론』을 읽으면서 생각했던 것은 망원경의 렌즈를 연마
하는 요령으로 유리덩어리를 끈기 있게 갈아서 맞추면 유
리의 평면판이 만들어지고 덤으로 유리면에 빈틈없이 맞
아서 면 위를 자유로이 이동하는 삼각자도 만들어지고 이
삼각자끼리를 빈틈없이 꼭 붙여서 이동시키면 면 위에 똑
바른 선이 만들어진다는 것이었다(〈그림 1-44〉 참조). 유리
나 돌을 갈아서 맞추는 것은 수단으로서 손의 촉각을 사
용하는 것이므로 이러한 방법으로 만든 평면이나 똑바른
선 등을 촉각적 평면이라든가 촉각적 직선이라 말하면 되
는 것이 아닌가 생각한다.

A군 그렇다면 보통 눈으로 보아 평탄하다든가 똑바르다라고
생각하는 것은 시각적 평면이라든가 시각적 직선이라 하
는 것이군요.

필자 그런 셈이지. 유클리드처럼 각 점에서 한결같이 가로 놓
여 있다는 감각은 일망지하(一望之下)에 건너다본다는 느낌
은 아니므로 촉각적인 직선이나 평면이고, 우리들이 현재
생각하고 있는 직선이나 평면은 무한으로 펼쳐져 있는 것

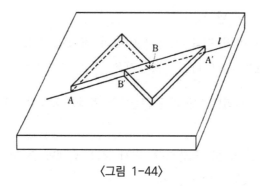

〈그림 1-44〉

으로 파악하고 있으므로 시각적인 직선, 평면일 것이다. 이것이 고대 그리스인의 인식과 현대인의 인식 사이의 커다란 차이의 하나가 아닐까 싶다.

A군 그렇다면 지금까지의 평행선이나 직선에 대한 수수께끼가 촉각공간과 시각공간의 사고 차이로 풀린다는 것입니까?

필자 풀리는지 어떤지는 앞으로의 일로 하고, 이를테면 평행선에 대해서 여러 가지 사고방식을 늘어놓아 보자.

직선 밖의 한 점을 지나고 이것과 평행인 직선은 단지 하나 밖에 없다는 것을 유클리드는 공준, 즉 가정이나 약속이라고 생각했다. 그런데 그 뒤의 사람들은 오랫동안 가정이 아닌 진실이라고 굳게 믿고 있었다. 그러나 그렇게 믿고 있었다고는 해도 그것이 진실이라면 어떻게든 그것이 진실임을 증명하고 싶다는 욕망이 생긴다. 이 욕망을 충족시키기 위해 온갖 노력을 바쳐 왔지만 그 누구도 증명할 수 없었다. 19세기 초까지는 말이지. 하나 둘씩 의심하는 사람들이 나타났다. 즉 의견이 다음과 같이 세

갈래로 나뉜 것이다.

직선 밖의 점을 지나서 이것과 평행인 직선을 오직 하나만 그을 수 있다고 하는 것은

(i) 유클리드 말하기를 공준, 즉 가정에 지나지 않는다—공리주의파

(ii) 말하기를, 당연하다. 단지 유감스럽게도 증명은 발견되고 있지 않다—확신파

(iii) 말하기를, 이상한 점도 있다—회의파

우리들은 (iii)의 회의파에 속하는 것이 되겠지만, 앞에서 생각한 그림이 '이상한 점'의 참된 근거라 할 수 있는지 어떤지를 생각해 보자. 이를 위해서는 하나의 모델을 만들어서 정말로 이상한지 어떤지를 조사해 보는 것이 좋다.

A군 모델이라 하면 모형을 만드는 것입니까?

필자 모형은 모형이지만 관념적 모형일세. 수학적으로 만드는 것이야. 그리고 이야기를 알기 쉽게 하기 위해 지구를 완전한 구라고 해 두자(〈그림 1-45〉 참조). 지구의 중심 O를 지나는 평면으로 지구를 잘랐을 때 절단면의 원은 구면에서 가장 큰 원이므로 대원(大圓)이라 한다. 적도라든가 자오선 등은 대원이지만, 38도선 등의 위선(譚線)은 원이지만 대원이 아니므로 소원(小圓)이다.

A군 대원은 구면에서 두 점 사이를 연결하는 가장 짧은 선입니다. 그래서 지구상에서 직선에 상당하는 선이라 하면 대원 이외에는 없는 것이군요.

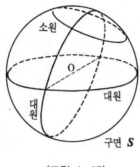

〈그림 1-45〉

필자 그렇게 생각하는 편이 우리에게 알기 쉽지. 그러나 곡선
의 길이를 어떻게 측정하는가 하는 것이 되면 미적분의
문제가 되고 어렵다. 그래서 가장 짧은 선이라 말하지 말
고, 더 기하학적인 재미있는 사고방법을 사용하자. 이를
위해 우리들이 지금까지 생각하여 온 렌즈를 연마하는 조
작을 활용한다.

먼저 평면 E를 만들었을 때의 렌즈를 연마하는 요령으로
이번에는 구면 S를 만들어 본다. 이 구면을 만드는 편이
두 개의 유리덩어리를 연마해서 맞추는 것만으로 끝나므로
훨씬 간단하다. 그리고 평면유리상에서 유리의 삼각자를 만
든 것과 마찬가지로 이번에는 구면 S에 빈틈없이 딱 붙어
서 S상을 자유로이 미끄러지는 삼각자 형태의 유리덩어리
를 세 개 만든다(〈그림 1-46〉 참조). 이 삼각형의 밑변 AB,
A′B′, A″B″을 차례차례로 갈아서 맞추고 마지막에 이 세
개의 변이 서로 빈틈없이 딱 맞도록 하면, △의 변 AB를

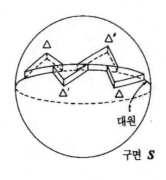

〈그림 1-46〉

△′이라든가 △″을 사용해서 연장한 선 ℓ은 유리평면 E상의 직선 ℓ과 마찬가지로 S의 도처에서 한결같이 가로놓이게 될 것이다. 이 ℓ이 바로 구면 S의 대원이 된다.

A군 그러면 대원 ℓ은 촉각구면 S상의 촉각직선이 되는군요.

필자 바로 그대로이다. 그래서 구면상에서는 완전히 평면상과 마찬가지로 똑바른 선이 만들어지고, 또 △을 구면 S상을 이동시켜 가면 △상의 선분은 그대로 S상의 다른 부분으로 가지고 갈 수 있으므로 직선과 거의 구별이 되지 않는다. 그래서 자네가 앞에서 지적한 것처럼 한결같이 가로놓인다는 것은 말뿐이고 직선을 정의하여도 직선의 확실한 정의로는 되지 않는 거야.

A군 그러면 유클리드는 촉각직선이나 촉각평면의 정의만을 내리고, 이것을 직선이나 평면의 정의라고 굳게 믿고 있었던 셈이군요. 『원론』도 불충분한 점이 있네요.

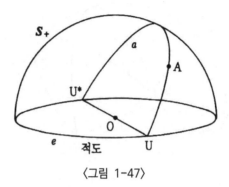

〈그림 1-47〉

필자 아니야, 직선이나 평면의 정의는 나중의 평행선의 공준 때에 보완하고 있으니까 그 점은 괜찮다.

그리고 여기서는 아무튼 이 구면을 이용해서 모델을 만들려고 하는 것이지만 이 구면—아니, 지구라고 하는 편이 좋겠군—이 지구 S 전체를 생각하면 대원을 직선이라고 간주하는 것은 무리이므로—왜냐하면 대원은 언제나 두 점에서 교차하므로 직선의 개념에 반한다—먼저 세계를 북반구만으로 제한하고(〈그림 1-47〉 참조), 게다가 북반구라고는 하지만 적도 e를 제외한 참된 북반구 S₊를 '평면'으로 보고 적도 상의 점은 전부 S₊의 무한원이라고 생각해 버린다. 그리하여 대원도 북반구 S₊로 잘라내어진 부분의 반원을 '직선'으로 간주하기로 한다. 그러면 '직선' a는 적도상에서 지구의 중심 O에 대해서 대칭적으로 되어 있는 이른바 대심점(對心點) U, U*를 양끝으로 하는 반원이므로 이것을 (U*U)라든가 a상의 한 점 A를 넣어서 (U*AU)라 표기한

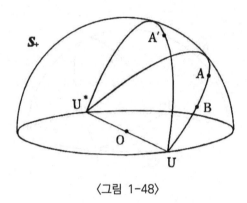

〈그림 1-48〉

다. 물론 U, U*는 이 직선 (U*U)의 무한원점이지. 그러면 어떻게 된다고 생각하나?

A군 대체로 보통의 평면을 꼭 닮았군요. 예컨대 두 점 A, B 를 지나는 '직선'을 구하려면 A, B와 중심 O를 지나는 평 면에서 북반구 S_+를 잘라서 보면 되고(〈그림 1-48〉 참조), '평행선'이라 하는 것은 적도상의 같은 대심점 U, U*를 양끝으로 하는 두 개의 반원 (U*AU), (U*A′U)라고 생각 하면 직선 (U*AU)상에 없는 점 A′을 지나는 '직선'은 (U*A′U)로 정해져 있다는 것도 바로 알 수 있습니다.

필자 평행선이 두 개의 반대의 무한원점 U, U*로 향해 집중 하는 것도 알 수 있고……

A군 평행선 (U*AU), (U*A′U)는 굽은 모양으로 같은 형태를 하고 있기도 하고요.

필자 그렇다면 앞에서 원 속에 모조평행선의 그림을 무리하게

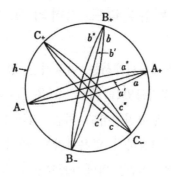

〈그림 1-49〉

그려서 평행선이라는 것은 이상한 존재가 아닌가 하고 야단법석한 것은 조금 빗나간 것 같기도 하구먼.

A군 그렇게 말씀하시면 우리는 이미 회의파가 아닌 것으로 됐다는 것입니까?

필자 아니야, 아직 거기까지는 도달하지 않았어. 지금의 것은 평행선이 존재하여도 이상하지 않다는 예에 불과한 것이니까 말이야.

A군 그러면 다음은 무엇을 할 차례입니까?

필자 평행선이 "정확히 한 개 존재하여도" 이상하지 않은 예를 만들었으니, 이번에는 평행선이 "정확히 두 개 존재하여도" 이상하지 않은 예를 만들어보지 않겠나?

5. 비유클리드 기하의 모델?

필자　앞에서의 사고실험에서는 이상적인 평면상에 서서 평행
선 a, a′을 바라보았을 때 a, a′은 (+)방향의 무한원에서
도 (-)방향의 무한원에서도 차츰 접근하여 가는 것(〈그림
1-7〉 참조)은 이상하지 않은가라는 것이었다. 그런데 〈그
림 1-43〉에서 생각한 바에 따르면 직선 a상에 동점(動點)
X를 잡고, X를 예컨대 a의 (+)의 무한원으로 쫓아 보냈을
때 주어진 점 P와 동점 X를 연결하는 직선 PX의 극한의
위치 b가 P에서 a의 (+)방향으로 그은 평행선이라 해도
좋았다. 동점 X를 a의 (-)방향의 무한원으로 쫓아 보냈을
때의 극한 b′도 실은 b와 일치한다는 것이 유클리드의 평
행선의 공준이었던 것이다.

　그래서 이번에는 아주 대담하게 "이 두 개의 평행선 b와
b′가 일치하지 않는다."라고 가정한다면 어떨까? 즉 P를
지나서 a의 (+)방향으로 그은 평행선 b와 (-)방향으로 그
은 평행선 b′이 P의 곳에서 일치하지 않고 교차해버린다
고 생각하는 것인데(〈그림 1-51〉 참조), 앞에서와 마찬가지
로 사고실험을 하여 보게.

A군　서 있는 곳을 O라 하고, O를 지나서 직선 a를 그으면
(〈그림 1-51〉 참조) a의 (+)방향으로 평행인 직선 a , a
″……은 모두 a의 (+)방향의 무한원점 A+에 집중하는 것
처럼 보입니다. 그 중의 하나 a′을 취해서 a′상을 A+와
반대방향으로 진행하면 a′의 이 방향의 무한원점 A′-은

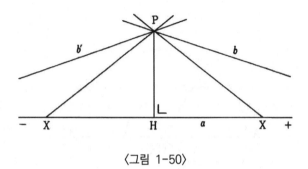

〈그림 1-50〉

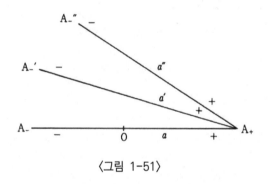

〈그림 1-51〉

A_와는 다르므로 직선 a'은 a로부터 계속해서 멀어져 갑니다.

필자 무한원점 전체는 어떠한 그림이 되는가.

A군 직선 a를 O를 지난 채로 빙글빙글 회전시키면 a의 무한원점 A+와 A-는 원형을 그리며 진행하고, 180도 회전했을 때는 A+와 A-가 교체되어 결국 무한원점 전체는 앞에서와 마찬가지로 원형이 됩니다(〈그림 1-52〉 참조).

필자 그렇게 하면 원의 내부의 세계가 되는 것은 앞에서와 같

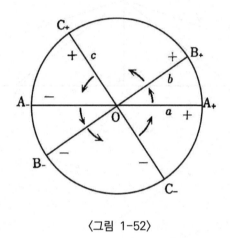

〈그림 1-52〉

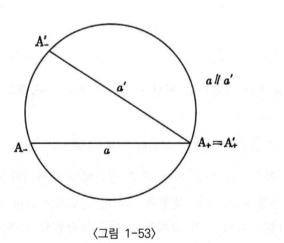

〈그림 1-53〉

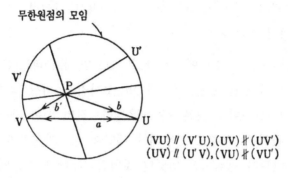

$(VU) \mathbin{/\!/} (V'U), (UV) \mathbin{/\!\!\!/} (UV')$
$(UV) \mathbin{/\!/} (U'V), (VU) \mathbin{/\!\!\!/} (VU')$

〈그림 1-54〉

지만, a에 평행인 직선 a'이 A₊와 A₋의 두 점을 연결한 직선으로 보인다는 일은 없다(〈그림 1-53〉 참조). 그래서 평행선은 서로 굽어보인다는 따위의 문제가 없어 이쪽이 훨씬 자연스럽지 않은가. 즉 모델로서는 말이지, 원둘레상의 점은 전부 상이한 무한원점으로 한다. 그리고 원의 현 a를 '직선'이라 간주하면 현의 양끝 U, V는 상이한 무한원점으로 되는 것이다(〈그림 1-54〉 참조). a상에 없는 점 P를 지나는 평행선은 그림에서 정확히 (V'U), (U'V)의 두 개가 있다.

A군 평행선의 방향이 중요한 것 같군요.

필자 그림 옆에 적은대로이다. 이것이 비유클리드 기하의 모델의 기본이 되는 것이다.

A군 이 모델처럼 직선상에 무한원점을 생각한 경우는 **평행선이 두 개 그어진 쪽이 자연스러운 것처럼 보이지만, 극히 보통으로 생각하면 직선 a 밖의 점 P를 지나서 a에 평행**

인 직선이 한 개밖에 없는 편이 역시 당연한 것 같다는 느낌이 듭니다.

필자 결국 좁은 장소에서만 보고 있으면 유클리드적인 쪽이 자연스럽지만 눈을 무한의 먼 곳까지 돌려서 넓게 보면 유클리드적이지 않은, 즉 비유클리드적인 쪽이 자연스럽다는 것이군. 우주도 기껏해야 태양계 부근까지라면 뉴턴이나 칸트가 생각하고 있었던 것처럼 유클리드 기하로 아쉬운 대로 도움이 되지만 은하계, 아니 우리의 은하계보다 훨씬 먼 공간을 연구할 때는 비유클리드적으로 되지 않을 수 없는 것인지도 모른다.

A군 비유클리드 기하라는 것은 스케일이 큰 기하이군요.

필자 비유클리드 기하는 우주의 해명으로부터 일어난 기하는 아니지만, 이 기하를 발견한 사람들은 서로 논의라도 한 것처럼 천문학에 흥미를 가지고 있었던 것 같다. 그렇지만 과학이 발달해서 우리의 안목이 넓어져 감에 따라서 지금까지는 단순한 호기심이나 연구심에서 탐구하던 학문이 실제문제의 해명에 크게 도움이 되는 일이 있다는 것은 재미있다. 비유클리드 기하의 발견은 그 전형적인 예의 하나이다.

그러면 비유클리드 기하 발견의 역사를 간단히 이야기해 보자.

2부

비유클리드 기하의 발견

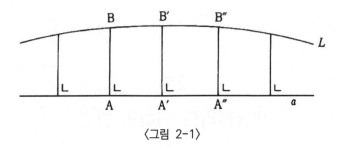

〈그림 2-1〉

1. 석학 르장드르의 공적

필자 이제부터는 평행선의 공준이라 하지 않고 평행선의 공리라 하기로 하자.

유클리드의 평행선의 공리를 증명하고 싶다는 욕망은 먼 옛날부터 있었던 것인데, 증명의 시도 중에서 가장 초보적인 것은 "평행선간의 거리가 같다."라든가 역으로 "직선 a까지의 거리 BA, B′A′, B″A″,…이 똑같은 점 B, B′, B″…의 궤적 L은 직선이다." 등을 사용하는 것인데 말이야(〈그림 2-1〉 참조), 이러한 직선의 성질은 평행선의 공리보다 더 복잡한 것이므로 역시 증명이라고는 할 수 없다는 사실을 일찍부터 알고 있었던 것 같다.

본격적인 연구가 시작된 것은 1700년대가 되면서부터이다. 증명은 평행선의 공리를 부정하고 직선 밖의 한 점을 지나서 이것과 평행인 직선을 두 개 그을 수 있다고 가정한다면 어떠한 모순이 일어나는가를 조사하게 되는데, 이것을 처음으로 정밀하게 연구한 사람으로 이탈리아의 사케리(1667~1733)나 스위스의 람베르트(1728~1777)가 있다. 그러나 이 사람들의 연구는 비유클리드 기하가 발견되고 나서 널리 알려지게 되었기 때문에 새로운 기하의 발견에 직접이든 간접이든 얼마만큼 기여하였는지 알기 어렵다. 그래서 여기서는 단지 두

르장드르

사람의 이름을 거론하는 것만으로 만족하자. 그래서 다음으로 이름을 거론하지 않으면 안 되는 사람은 비유클리드 기하의 발견에 비중은 낮더라도 큰 공헌을 한 르장드르일 것이다.

A군   이상한 공헌이군요.

필자   르장드르(1752~1833)는 프랑스에서는 라그랑주(1736~1813), 라플라스(1749~1827) 다음가는 유수한 수학자이다. 그의 정수론, 타원함수론 등의 연구는 최고수준에 달하고 있었고, 특히 기하학에 관해서는 『기하학의 원리』라는 책을 수학의 권위자가 쓴 것이기 때문에 압도적인 인기를 끌어서 널리 교과서로서 읽혀졌다.

A군   유클리드의 『원론』도 계속 읽혀지고 있었다고 하더군요.

필자   그러나 『원론』은 상당히 어렵단 말이야. 그런데도 르장드르의 책에는 개정(改訂)하고 있는 동안에 평행선의 공리의 증명까지 실리게 되었기 때문에 훗날까지 유명하다.

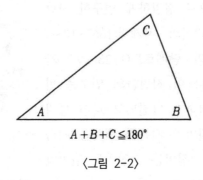

$$A+B+C \leq 180°$$

〈그림 2-2〉

A군 증명 따위는 할 수 없는 것이겠지요.

필자 르장드르는 1833년에 죽을 때까지 평행선의 공리가 옳다고 믿고, 여러 가지 증명을 하고 있었다네. 앞에서의 분류로 말하면 '확신파'이다. 결론은 물론 잘못되어 있었지만, 도중에 여러 가지 재미있는 것을 내고 있어 완전히 헛된 일을 하고 있는 것은 아니다. 예컨대

사케리-르장드르의 제1정리

평행선의 공리가 없으면 삼각형의 내각의 합은 2직각과 같거나 또는 2직각보다 작게 된다. 그러나 결코 2직각보다 커지지는 않는다(〈그림 2-2〉 참조).

이 증명은 재미있지만 증명은 종합적으로 3부에서 하기로 하였으니까 그때까지 기다리기 바란다(〈보강 1〉 참조).

A군 낙으로 삼고 기다리겠습니다.

필자 제1정리와 관련하여

사케리-르장드르의 제2정리

> 내각의 합이 정확히 2직각이 되는 삼각형이 한 개라도 있
> 으면 어떤 삼각형의 내각의 합도 2직각이 된다. 마찬가지
> 로 내각의 합이 2직각보다 작은 삼각형이 한 개라도 있으
> 면 어떤 삼각형의 내각의 합도 2직각보다 작다.

라는 정리도 재미있다. 이 정리는 두 개 모두 앞에서 이
름만 거론한 사케리가 벌써부터 증명하고 있었던 것이지
만, 르장드르는 그러한 것을 몰랐고 이 정리를 처음으로
세상에 널리 알린 것도 르장드르였으므로 사케리-르장드
르의 정리라 하고 있다.

한편, 이 르장드르는 불쌍하다고 하면 불쌍한 사람이어
서 모처럼의 정수론도 타원적분론도 바로 뒤에서 쫓아
온 젊은 가우스에 의해서 즉각 시대에 뒤떨어지게 돼버
렸다. 『기하학의 원리』도 역시 같은 결과가 되었다.

평행선의 문제는 낡은 문제이지만 이것을 새롭게 다시
문제 삼아 젊은 사람에게 문제의 소재에 주목시켜 결국
자기로서는 새로운 길을 개척하는 데에 성공하지 못했다.
그러나 그 밖의 몇 사람에게 비유클리드 기하 발견의 계
기를 부여한 공적은 크다. 이것을 나는 비중이 낮은 공헌
이라고 하였던 것이다.

2. 수학의 왕자 가우스

필자 그러면 본론으로 들어가서 실제로 비유클리드 기하를 발견한 세 사람에 대한 이야기를 하자. 그 첫 번째는 가우스이다. 칼 프리드리히 가우스(1777~1855)는 독일의 브라운슈바이크에서 태어났다. 만년에 "나는 말을 하지 못하는 어렸을 때부터 계산을 할 수 있었다."라고 농담을 했을 정도였는데, 누구로부터도 배우기도 전에 어느새 계산을 할 수 있게 되어 3세 때 벽돌공이었던 아버지의 금전계산 잘못을 일러주어 깜짝 놀라게 한 적도 있다. 알파벳도 그새 외어 버렸다는 대단한 신동이었다.

7세 때 초등학교에 들어가서 처음 2년간은 아무 일도 없었으나, 3년째 되는 해에 산수의 학급에 들어가게 되었다. 그러던 어느 날, 가우스로서는 장래를 결정하는 커다란 사건이 일어났다. 그것은 선생님이 학급 학생에게 1+2+3+4+…+100을 계산하라는 문제를 낸 것이다.

A군 1에서 100까지라면 큰일이군요.

필자 그러자 가우스는 즉석에서 자기의 석반(石盤)에 답을 써서 "다 되었습니다."라 말하고 선생님 쪽에 있는 테이블 위에 놓았다.

A군 석반이란 무엇입니까?

필자 자네는 모르는구나. 흑판에 백묵으로 글씨를 쓰고 흑판지우개로 지우면 몇 번이라도 쓰고 지우고 할 수 있지 않은

가. 석반이라는 것은 미니 흑판으로서 얇은 돌판이란다. 백묵 대신에 납석(纖石)이라는 매끄러운 돌막대기로 쓰고 지우고 할 수 있는 것이란다. 내가 초등학교에 막 들어갔을 때에도 한창 사용되곤 하였지.

수학의 왕자 가우스

A군 경제적이군요.

필자 옛날에는 가난했기 때문이거든. 가우스의 학급에서는 답이 나온 사람의 순서로 석반을 포개 올려놓게 하였는데 다른 동료들은 좀처럼 답을 적어내지 못했다. 가우스는 얌전하게 기다리고 있었다. 답안을 쓴 석반이 전부 제출된 다음, 선생님이 가우스의 석반을 보니 놀랍게도 정확하게 옳은 답이 적혀 있었다. 너무나도 뜻밖이어서 어떻게 해서 그렇게 빨리 답을 낼 수 있었는지를 물었더니

$$
\begin{array}{r}
1 + 2 + 3 + \cdots\cdots + 49 + 50 \\
+)\ \ 100 + 99 + 98 + \cdots\cdots + 52 + 51 \\
\hline
101 + 101 + 101 + \cdots\cdots + 101 + 101 \ =101 \times 50 = 5050
\end{array}
$$

이라는 식의 방법으로 계산한 것이라고 말했다.

A군 가우스는 그 자리에서 그러한 생각이 떠올랐던 것일까요?

필자 이전에 자기가 생각한 일이 있었는지도 모르지. 그러나 이 이야기는 가우스에게도 자랑거리였던 것 같다. 선생도 완전히 질려서 이후 가우스만은 학급에서 별도 취급했다.

뿐만 아니라, 가우스의 부친은 가난한 직공이어서 선생님이 용돈을 털어서 특별히 산수 교과서를 주문해서 갖다 주기도 했다. 가우스는 이 교과서도 금세 소화해 버려 선생인 뷰트너는 완전히 손을 들었다. 그런데 마침 알맞은 때에 같은 브라운슈바이크 태생인 바텔스(1769~1836)라는 청년이 나타났다. 이 청년은 뷰트너 선생의 조수 역을 맡고 있던 사람인데 향학열에 몹시 불타고 있어 가우스와 완전히 친구가 되어 함께 수학공부를 시작하였다. 바텔스는 후에 운명의 불가사의한 해후로 비유클리드 기하의 발견자의 하나가 된 로바체프스키의 선생이 되기도 하였던 사람이지만, 가우스는 7세나 연상인 이 청년과 함께 공부하며 11세 때는 이항 정리의 증명까지 해치워 해석학의 비법 하나를 스스로 깨우쳤다.

A군 이항 정리라는 것은

$$(a+b)^n$$

$$= a^n + n \cdot a^{n-1} b + \frac{n(n-1)}{1.2} a^{n-2} b^2 + \cdots + nab^{n-1} + bn$$

인가요. 어디가 문제입니까?

필자 그래, 그것이 원래의 이항 정리인데 일반적으로 n은 반드시 정수만은 아니고 다음과 같은 경우에는

$$(1+x)^n = 1 + nx + \frac{n(n-1)}{1.2} x^2 + \cdots$$

이라는 식에서 n이 $\frac{1}{2}$ 이면

$$(1+x)^{\frac{1}{2}} = \sqrt{1+x} = 1 + \frac{1}{2}x - \frac{1}{8}x^2 + \cdots$$

이 되거나 n=-1이라면

$$(1+x)^{-1} = \frac{1}{1+x} = 1 - x + x^2 - x^3 + x^4 + \cdots$$

이 되거나 한다. x의 무한의 멱급수로 되는 것이지. 이러한 때는 x는 어떠한 값을 잡아도 괜찮다고 하는 것은 아니고, x는 -1<x<+1이 아니면 이 식은 성립하지 않는다. 그러한 번거로운 멱급수의 수렴의 문제가 일어나는 것인데 그때까지의 수학에서는 이것이 무척 애매하였다. 이것을 11세의 소년이 혼자 힘으로 처음으로 엄밀하게 증명한 것이라네, 여보게나.

A군 셜록 홈즈와 비슷한 이야기도 있었군요.

필자 어어, 자네는 홈즈의 이야기를 알고 있나. 그것은 홈즈의 라이벌인 모리아티가 학생 때에 이항 정리의 논문을 쓴 수학의 천재였다는 이야기겠지. 그것은 코넌 도일이 어딘가에서 가우스의 이야기를 설듣고 와서 독자를 어리둥절하게 만든 것인지도 모르지.

　아무튼 아직도 급수의 수렴 따위는 몰랐던 시대였으니까 말이지. 11세 때 가우스는 이미 전인미답(前人未踏)의 경지에 발을 들여놓고 있었던 것이다. 그러한 까닭에 가우스의 신동다운 태도라 할까, 천재성은 두루 알려졌고 게다가 바텔스의 헌신적인 노력도 곁들여져서 마침내 가우스는 브

라운슈바이크 공국(公國)의 페르디난드 공의 지대한 비호를
받게 되었다. 그리고 15세 때 카로리늄 고등학교에 입학
하였는데 가우스는 거기서 라틴어와 그리스어 등의 고전
어를 배우게 되어, 어학의 천재이기도 하였던 가우스는 이
어학에도 열중하여 장래에는 이 방면의 연구에 몸을 바칠
생각도 있었던 것 같다. 그러나 계산력은 여전히 훌륭했
고, 여러 가지 숫자를 주무르고 있는 동안 정수 사이의
재미있는 관계를 혼자서 여럿 발견하거나 하여 수학에서
떠난 것은 아니었다. 18세 때 그는 괴팅겐대학에 입학하
게 되었는데, 아직 언어학을 할까 수학에 전념할까를 결정
하지 못한 상태였다.

 가우스의 회상에 따르면 그 다음해 19세의 생일을 맞이
하기 한 달 전인 3월 29일(가우스의 일기에는 30일로 되어
있다) 아침, 아직 잠자리 속에서 여느 때와 같이 수학을 열
심히 풀어보고 있던 중 정십칠각형(〈그림 2-3〉 참조)을 자
와 컴퍼스로 작도할 수 있다는 매우 훌륭한 정리를 발견하
였다.

A군 정십칠각형을 작도할 수 있다는 것이 훌륭한 일입니까?

필자 그러한 질문을 받으면 맥이 풀려버려.

A군 정말 죄송합니다. 초등 기하에 약해서 말씀이죠.

필자 유클리드의 『원론』에서는 처음에 정삼각형의 작도가 있
고 그로부터 훨씬 뒤에 정오각형의 작도를 하고 있다. 그
것 이상의 소수(素數)는 정칠각형도 정십일각형도 작도할
수 있을 것 같지 않았단 말이야. 그래서 정십칠각형을 작

정십칠각형

〈그림 2-3〉

도할 수 있다는 따위는 꿈에도 생각한 사람이 없었겠지.

A군 가우스는 어째서 그러한 작도 문제를 생각하고 있었습니까?

필자 작도 문제는 아니고 방정식

$$* \; x^n = 1$$

을 푼다고 하는, 정수론과 관계가 있는 문제를 생각하고 있었던 것이다. 이때의 가우스의 사고방법이 훌륭하여 뒤에 아벨이라든가 갈루아의 군론(群論)의 발견으로 연결되는 것인데, 가우스의 발견이라고 하는 것은 n이 소수인 경우는 n이 $2^{2k}+1$라는 형태일 때만 *의 식이 제곱근의 계산만으로 풀린다는 것이다. 이것을 기하학적으로 해석하면 n이 그러한 형태의 소수일 때 정n각형을 자와 컴퍼스로 작도할 수 있다는 것이 된다.

A군 k에 0, 1, 2, 3,…을 대입하면

$$2^{2^0} + 1 = 2 + 1 = 3, \quad 2^{2^1} + 1 = 4 + 1 = 5,$$

$$2^{2^2} + 1 = 2^4 + 1 = 16 + 1 = 17,$$

$$2^{2^3} + 1 = 2^8 + 1 = 256 + 1 = 257, \cdots$$

이 되는군요. 17이 들어가 있습니다. 그래서 정십각형을 작도 할 수 있는 것이군요. 정이백오십칠각형은 어떻습니까?

필자 257도 소수이므로 물론 작도할 수 있다. 그러나 옛날의 유클리드시대부터 정n각형으로 작도할 수 있는 것은 n이 홀수일 때는 3, 5, 15 정도뿐이었으므로 소수인 정십칠각형을 작도할 수 있을 것이라고는 상상도 못하였다. 그래서 정십칠각형을 자와 컴퍼스로 작도할 수 있다는 것은 센세이션이었다. 이백오십칠각형으로서는 수가 지나치게 커서 놀랄 수조차 없는 것이지. 운 좋게 17이라는 수가 있었던 것이다.

이 발견은 교수들을 놀라게 하였고, 가우스도 이것으로 결심을 굳혀 수학에 전념하게 되었다. 그 뒤 머지않아 * 의 해법 이론을 포함하는 「정수론」이라는 그야말로 수학계를 뒤흔드는 획기적인 대논문을 썼다. 인쇄에 시간이 걸려 가까스로 1801년에 이것이 발표되자, 당시는 프랑스의 수학이 유럽 제일이었는데—그것은 세계 제일이라 하여도 마찬가지이지만—프랑스 제일의 수학자인 라그랑주, 라플라스, 르장드르 등이 크게 경탄하였고, 가우스도 일약 제일의 수학자가 되었다.

A군 1801년이라 하면 가우스는 아직 24세였군요.

필자 　그런데 바로 이 해에 가우스의 인기를 거듭 높인 사건이 일어났다. 그것은 1801년 1월 1일에 이탈리아의 피아치라는 아마추어 천문학자가 혜성처럼 보이는 작은 천체를 발견한 것에서 시작된다. 그 천체는 곧 자취를 감춰 버렸는데, 천문학자의 의견으로는 이것이야말로 보데의 법칙으로부터 예상되는 소행성일지도 모른다는 것이었고, 모두 필사적으로 그 행적을 찾았으나 궤도의 계산법이 엉성하였던 당시였으므로 좀처럼 발견할 수 없었다. 이것을 안 가우스는 만사를 제쳐놓고 즉각 피아치가 측정한 약간의 관측값으로부터 자기가 발안(發案)한 방법으로 궤도를 계산하였다. 그러자 피아치에 의해 사상 최초로 발견된 이 소행성 케레스는 같은 해 12월에 계산한 대로의 위치에서 재발견되었다.

A군 　굉장하군요.

필자 　가우스는 자신 있는 재주인 빠른 계산으로 어릴 때에 발안한 최소제곱법 등을 사용하면서 뉴턴의 만유인력의 법칙에만 의존해서 계산한 셈이다. 가우스의 방법은 그 뒤에도 그대로 사용되고 있었다고 한다.

　이러한 까닭으로 가우스는 순수수학자뿐 아니라 천문학자로서도 일류로 이름을 남기게 되었다. 일기는 아니지만 별개의 노트에 다음과 같은 것이 적혀 있는 것이 남아 있다 [케레스(Ceres)도 팔라스(Pallas)도 소행성의 이름].

　　　1801. 1. 1 　　　케레스 발견

　　　1802. 2. 19 　　　팔라스 발견

1803. 3 .28		팔라스 재발견
1796. 3. 30		정십칠각형의 작도
1777. 4. 30		가우스 탄생일
1801. 12. 7		케레스 재발견

A군 가우스는 기록광이군요.

필자 광(狂)은 아니지만 귀중한 기록이지. 가우스는 요소요소 틀림없이 기록하여 마치 자기의 사후에 일어나는 일을 예측한 것 같다. 하지만 탄생일과 소행성의 재발견 등을 나란히 적고 있는 것은 귀엽거든.

3. 가우스와 W. 볼리아이의 만남

필자 아무튼 이러한 것으로 가우스는 1807년 30세 때 괴팅겐 대학의 교수에 임명되었고, 천문대장을 겸임하게 되었다. 그러나 대장(台長)이라 해도 대장으로서의 직무 이외에 자기 자신도 관측을 하고 천문학적 숫자의 계산을 하는 한편, 가계를 돕기 위해 국토의 측량까지도 맡았고 이를 위해 지구 형상의 결정이라는 터무니없이 광범위한 일도 하였으니 보통 힘든 것이 아니었다. 하지만 이 측지학의 문제가 계기가 돼서 완성한 「곡면의 일반연구」(1827)가 또한 획기적인 것이란다.

A군 선생님, 그것이 가우스의 비유클리드 기하이겠지요.

필자 아니야, 비유클리드는 아니지만 그것과 크게 관계가 있다. 실은 곡면론에 들어가기 전에 가우스가 비유클리드 기하를 생각하고 있던 이야기를 해 두지 않으면 안 되었던 것인데 가우스의 천재다운 모습을 이야기하는 데에 정신을 뺏겨 버렸네.—가우스는 어렸을 적부터 계산을 잘 하여 수의 매력에 홀려 있었으므로 처음에는 기하에 흥미가 없었던 것 같으나 어느 사이에 평행선의 문제에 강한 관심을 갖게 되어, 1799년에 적어 넣은 그의 일기 99번째에

　　기하의 원리에 발군의 진전 있음 9월

이라 적고 있다. '발군'이란, 그리스어에서 온 라틴어를 직역한 것이므로 조금 이상한 느낌이 들지만 가우스가 좋아하는 말인 것 같다.

A군 일기에는 그것밖에는 적혀 있지 않습니까?

필자 가우스의 기억이니까 말이야. 다만 이것도 아직 자네에게 이야기하지 않았기 때문에 이야기가 다시 옛날로 돌아가는데, 가우스가 괴팅겐대학에 입학했을 때 볼프강 볼리아이라는 두 살 연상의 헝가리 태생 청년이 동시에 입학하였다.

A군 나중에 비유클리드 기하를 발견한 사람이군요.

필자 비유클리드는 요한 볼리아이(J. Bolyai)이고 볼프강 볼리아이(W. Bolyai)는 그 부친이란다. 이 두 사람의 일은 나중에 종합해서 이야기할 작정이었는데, 가우스와의 관계 때문에 암만해도 그렇게 할 수는 없게 되었군. 그러면 볼

프강 쪽을 W. 볼리아이라 부르기로 하고 두 사람의 이야 기를 하자.

A군 W는 볼프강의 머리문자입니까?

필자 그렇단다. 이 W. 볼리아이도 신동이라 일컬어진 사람으로 고향에 있을 적부터 평행선의 문제 등을 생각하고 있었던 것 같으나 괴팅겐에 와서 잠시 지났을 무렵 W. 볼리아이와 가우스가 자이파라는 천문학 조교수 집에서 만났다. 그런데 두 사람끼리의 첫 대면에 나눈 이야기 속에 최근 수학에 대한 취급이 엉성하다는 등의 자못 청년다운 우쭐해 하는 의견이 나와서 두 사람은 의기투합하기로 한다. 그 뒤 얼마 안 가서 두 사람이 산보를 하던 중 우연히 만났을 때는 쾌활한 볼리아이가 자기가 지금까지 생각해 온 기하의 원리, 즉 평행선의 문제 등을 혼자서 지껄여 댄 것 같다. 그러자 가우스는 아주 기뻐하여 "당신은 천재입니다. 친구가 됩시다." 하면서 악수를 청했다고 한다. W. 볼리아이의 술회에 따르면 가우스는 소극적이고 말이 적으며 수학상의 발견을 지금까지 상당히 하고 있었을 텐데, 흔히 두 사람은 나란히 말없이 몇 시간이나 걸어 다닌 일도 있었다고 한다. 이 과묵한 소년 가우스로부터 어째서 그때 더 여러 가지 이야기를 끄집어내지 않았는지, 자신에게 그러한 재치가 없었던 것을 몹시 아쉬워하고 있다. 단지 한 차례 가우스가 석반에 정십칠각형의 계산을 적은 것을 기념으로 나에게 주었을 때, 내가 그러려니 생각해서인지는 몰라도 가우스는 기뻐하였던 것 같다고 한다.

A군 W. 볼리아이가 평행선의 증명에 대한 이야기를 했다고 하는데, 당시 가우스는 아직 기하에 흥미가 없었던 것일까요?

필자 그 언저리는 좀처럼 모르지만 기하의 원리에 발군의 진전을 보았다고 일기에 쓴 것은 W. 볼리아이가 괴팅겐을 떠난 3개월 정도 이전인 6월이고, 또 그 해 12월에는 W. 볼리아이로부터의 편지에 대해서 가우스는 다음과 같은 회신을 보내고 있다.

"……당신과 그렇게 사귀고 있었으면서도 당신에게 기하의 원리의 연구에 대해서 더 물어보지 않았던 것은 참으로 유감스럽습니다. 여러 가지 헛수고를 하지 않아도 됐을 것이고, 이렇게 모르는 것투성이라는 것을 알았다면 누구라도 마찬가지겠지만 더 안심할 수 있었을 것이라고 생각합니다. 나 자신도 연구가 상당히 진척되었습니다(다만 그밖에 완전히 종류가 다른 일에 시간을 빼앗겼습니다만). 하지만 내가 해 온 방법으로는 당신이 도달하였다고 장담하는 목적지에는 도저히 다다를 수 없을 것 같고 오히려 의문스럽게 생각하고 있습니다. 물론 여러 가지의 것을 알게 되었습니다만, 그것은 보통은 증명이라 하여 통용될지도 모르지만 나의 견지에서 보면 '아무것도' 증명한 것이 아닙니다. 예컨대 얼마든지 넓이가 큰 삼각형이 존재한다고 가정하면 기하를 전부 증명할 수 있습니다. 보통은 이것을 공리라고 하면 좋을 것이라고 하지만 나는 아니라는 입장입니다. 아무리 형태가 큰 삼각형이라도 넓이는 일정수보다 작다는 것이 있을 수 있습니다. 이것과 비슷한 명제가 몇 개나 있지만, 만족스러운 것은 하나도 없습니다. 그러나 당신이 증명한 내용을 속히 알고 싶습니다. 증명이라 하여도 물론

당신은 대중—이 대중 안에는 능력이 뛰어난 수학자라 생각되고 있
는 자가 많이 있습니다—그 대중으로부터 감사의 표시를 받은
일은 없겠지요. 나는 최근 더욱더 확신하고 있습니다만, 참된
수학자의 수는 아주 극히 드물어서 대부분의 사람은 기하의
원리와 같은 연구가 어렵다는 판단도 할 수 없을뿐더러, 한번
이라도 스스로 이해할 수 없습니다. 그러나 또 당신으로서는
참되고 귀중한 판단을 해 주는 사람은 모두 당신에게 감사한
다는 것도 확실합니다……"

A군 W. 볼리아이는 가우스가 소극적인 사람이었다고 말하였
다는데, 제법 신랄하군요.

필자 신랄하니까 조심하고 있는 것이란다. 그래서 이 편지에서
알 수 있는 것처럼 가우스는 W. 볼리아이와 평행선의 이
야기는 별로 하고 있지 않았던 것이지만 자기 자신으로서
는 생각하고 있었던 것 같다. 어떠한 계기로 기하도 생각
하게 되었는지 분명히는 알 수 없으나, W. 볼리아이가 가
우스와 처음으로 친해졌을 때에 볼리아이 쪽이 기하의 이
야기를 걸어왔다는 것이고, 가우스는 W. 볼리아이의 영향
을 받아 기하에 흥미를 갖게 된 것은 아닌가 하는 느낌도
드는구나.

A군 그래서 W. 볼리아이는 가우스의 그 편지를 읽고 곧바로
가우스에게 자기 자신의 연구를 일러준 것입니까?

필자 W. 볼리아이는 가우스로부터 치켜세우는 것 같기도 하고
엄중하게 충고를 하는 것 같기도 한 편지를 받고 자기가
행한 평행선의 증명을 다시 생각해 본 것이겠지. 가까스로

1804년에 이 정도라면 괜찮을 것이라 생각되는 증명이 만들어졌으므로 이것을 가우스에게 보내서 아무튼 비평을 청하였다.

그러자 가우스의 회신이 우선 이러한 식이었다.

브라운슈바이크 1804.11.25

"⋯⋯당신의 논문을 매우 재미있게 또한 주의해서 통독하고, 당신의 철저한 통찰력을 즐겼습니다. 당신은 나의 공치사는 바라지 않는다고 말씀하셨는데, 이것은 나로서도 그렇습니다. 그 이유는 당신의 사고방식은 내가 옛날에 이 난문을 풀 때에 시도하였고, 아직도 성공하고 있지 못한 것과 아주 비슷하기 때문입니다. 당신이 나에게 정직한 판단을 숨김없이 말해 달라고 하여 말씀드리지만 당신의 증명은 아직 만족스럽지는 않습니다. 증명 속에 있는 장애물(이것도 나의 시도를 언제나 실패하게 만드는 암초의 하나이지만), 이것을 분명히 당신에게 보여드리지요. 이 암초는 내가 살아있는 동안에 언젠가는 극복해 보려고 지금도 희망은 갖고 있습니다. 그러나 나는 지금 목전에 잡다한 용무가 잔뜩 있어 도저히 이 문제를 생각할 여유가 없습니다. 그러므로 당신이 나보다도 먼저 모든 장애를 극복해 버린다면 얼마나 기쁠지 헤아려 주기 바랍니다. 그렇게 되면 나는 마음으로부터 기꺼이 당신의 일을 지지하고 세상에 널리 알리기 위해 힘이 닿는 한 노력하고자 생각합니다. 그러면 곧 본제(本題)에 들어 갑시다."

라는 것으로 W. 볼리아이의 증명에서 치명적인 부분 한 군데를 지적한다. 그것은 〈그림 2-4〉에서 "a는 모두 같은 길이, a는 같은 크기의 각이라고 하면 이 꺾은선은 직선

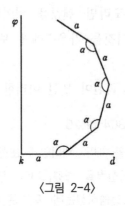

〈그림 2-4〉

kφ와 교차한다."라고 W. 볼리아이는 주장하지만 가우스는
"이것이 문제다."라는 것이다. 그것은 이 꺾은선이 직선 k
φ에 "접근한다."라는 부분까지는 괜찮다. 하지만 〈그림
2-5〉에서 β_1, β_2, β_3……가 "어떤 결정된 크기보다 크다."
면 꺾은선은 kφ와 교차하지만, 예컨대 만일 φ라는 수가

$$\varphi < 1 에서 \quad \beta_2 < \varphi\beta_1, \quad \beta_3 < \varphi\beta_2, \quad \beta_4 < \varphi\beta_3, \cdots$$

로 되어 있다면

$$\beta_1 + \beta_2 + \beta_3 + \beta_4 \cdots < (\varphi_1 + \varphi_2 + \varphi_3 + \cdots)\beta = \frac{\psi}{-\psi\beta}$$

가 되므로 "이 각의 합은 언제나 직각 dkφ보다 작은 일
이 있을 수 있다."는 것이다. 이 증명이 없으므로 W. 볼
리아이의 증명은 불완전하다는 것이었다.

A군 W. 볼리아이는 해석(解析)의 초보도 의심스러운 사람이군요.
필자 우리들이라 해도 언젠가는 웃음거리가 될지도 모르지. 그

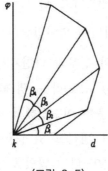

〈그림 2-5〉

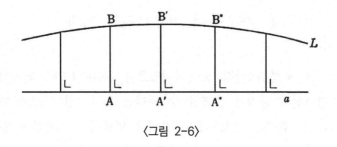

〈그림 2-6〉

러나 마지막으로

"당신은 나에게 정직한 판단을 희망하였으므로 그대로 하였습니다. 다시 한 번 반복합니다만, 당신이 모든 난관을 극복한다면 마음으로부터 기뻐할 것입니다."

증명에는 결점이 있었지만 이 편지에 용기를 얻은 W. 볼리아이는 1808년에 다시 한 번 증명을 가우스에게 보냈지만 가우스는 이번에는 회신을 보내지 않았다.

A군 앞에서와 마찬가지의 증명이었습니까?

필자 그래, 이 앞에서의 경우와 마찬가지로 "등거리선 L이 직선이다."(〈그림 2-6〉 참조)라는 명제의 증명인 것 같지만 W. 볼리아이의 논문은 어수선해서 진절머리가 난다. 여전히 초보적인 오류를 범하고 있어서 가우스도 이번에는 용기를 북돋아줄 기분이 나지 않았을 것이다.

A군 그러면 가우스 자신의 연구는 어땠습니까?

4. 가우스의 비유클리드 기하

필자 그 무렵은 아직 소극적이었으나 1816년경이 되어서는 평행선의 공리는 증명할 수 없다는 적극적인 사고로 되어온 것 같아서 르장드르의 증명을 엄중하게 비판하고 있는 편지도 남아 있고, 「괴팅겐학보」에도 어떤 사람의 논문을 비평하였는데 그 무렵의 학회의 분위기를 알 수 있을 것 같은 내용을 아래와 같이 적고 있다.

"수학의 영역 중 기하학의 원리의 결함을 찌르는 평행선의 기초부여만큼 수없이 쓰인 것은 없다. 결함을 메우려는 새로운 시도가 거의 매년처럼 나타나지만, 솔직히 말해서 2000년 전의 유클리드로부터 실질적으로는 일보도 진전되고 있지 않다. 이처럼 진지하고 노골적인 고백을 하는 쪽이 과학의 존

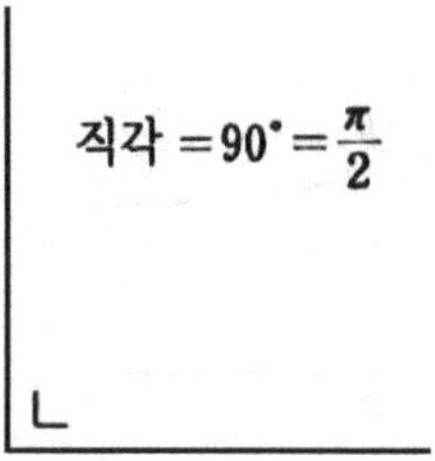

$$직각 = 90° = \frac{\pi}{2}$$

1척

1m

〈그림 2-7〉 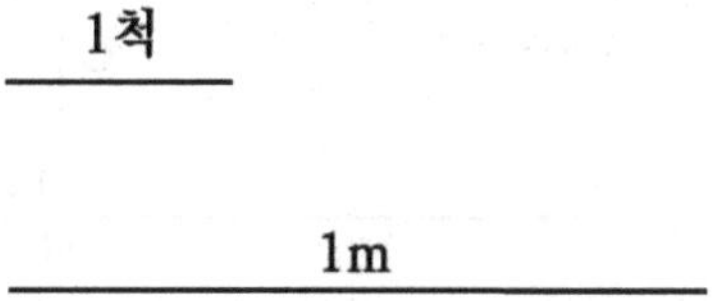   〈그림 2-8〉

엄을 위해서는 적합할 것이고, 그렇지 않으면 공연히 공허한 노력을 하여 결함을 메울 수도 없고 근거도 없는 외관상의 증명으로 이것을 호도하는 것이 된다."

라는 첫머리로 이 저서의 외관상의 증명을 철저하게 비판하고 있다.

A군 여전히 혹독하군요.

필자 이 시점에서 가우스는 "평행선의 공리를 부정하면 선분에는 단위의 길이 C가 정해져 버린다."라는 것을 끊임없이 말하고 있다.

A군 그것은 어떠한 의미입니까?

필자 유클리드 기하에서도 각의 크기에는 직각(〈그림 2-7〉 참조)과 같은 정해진 기하학적 단위가 있을 것이다. 90°라든가 $\pi/2$라디안이라 할 때의 도(°)나 라디안과 같은 단위가 아니고, 90° 즉 직각의 크기라는 것은 정해진 기하학적 의미를 가질 것이다. 유클리드의 공준에서도 "직각은 서로

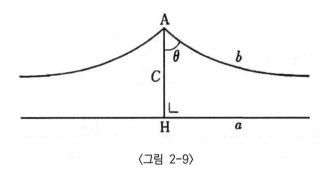

〈그림 2-9〉

같다."였다. 그러나 선분이라면 1척 길이의 선분과 1미터 길이의 선분(〈그림 2-8〉 참조)의 어느 쪽이 길이의 단위로서 기하학적으로 중요한가라는 의미가 전혀 없다.

A군 알 것 같은 기분도 듭니다만, 조금은 분명치 않습니다.

필자 그러면 평행선의 공리를 부정한 기하가 있었다고 하자. 그렇다면 〈그림 2-9〉에서 A로부터 a에 평행선 b를 그으면 θ라는 각이 결정된다. 즉 수선의 길이 AH=C에 대해서 θ라는 각이 결정된다. 이 θ를 평행선각이라 하는데, 평행선각 θ는 그래서 수선 AH의 길이 C의 함수가 된다. 더구나 θ는 C가 0에 접근하면 직각으로 접근하고, C가 무한히 커지면 얼마든지 0에 접근하는 것을 알 수 있다. 이것을 가우스는 알고 있었던 것이다. 그러면 예컨대 θ =45°가 되는 것 같은 C_0는 하나 결정되어 버린다. 그래서 C_0라는 길이는 이 기하에서는 틀림없는 기하학적 의미를 가진 크기가 되는 것이다. 수선의 길이가 C_0 이외의 크기라면 θ도 45°가 되지 않기 때문이지.

A군   겨우 알기 시작했습니다.

필자   아직도 정말로는 모르는가?

A군 $\theta=45°$일 때 C_0는 어떠한 값이 됩니까?

필자   그거야, 그것이 문제란다. 우리의 우주에서 만일 평행선
의 공리를 부정한 기하, 즉 비유클리드 기하가 성립한다면
이 C_0가 결정되어야겠지. 그러나 지금 그것이 어떠한 값
인가라고 질문을 받아도 현재 측정할 방법이 없다. 현실적
으로 비유클리드 기하가 성립하고 있다면 C_0는 얼마든지
커도 어떤 유한의 값이고, 만일 현실의 세계가 유클리드적
이라면 C_0는 무한대이다. 그러나 현실의 세계가 2개 중
어느 쪽인가의 질문을 받아도 대답할 방법이 없다. 이것이
그 당시 가우스가 생각하고 있던 비유클리드 기하의 약점
이었다.

　평행선의 공리를 부정한 기하에서 길이에도 절대단위가
있다고 하는 것은 매우 알기 힘든 일이었으므로 르장드르
등은 이것을 모순이라고 생각한 것 같다. 가우스는 별로
모순이 아니라고 한다. 어쩐지 입씨름 같지만 말이지.

A군   어려워서 또 모르겠습니다.

필자   기하학이라는 것을 너무 지나치게 현실적으로 생각했기
때문이야.

　그러니까 지금 설명한 C_0는 사실은 슈바이카르트(1780~
1859)라는 법률가가 내놓은 값이고, 이 사람은 평행선의
공리를 부정한 기하를 성계 기하(星界幾何)라 이름 붙여서
가우스와 마찬가지 결론을 내리고 있다. 가우스는 이것을

옛 제자인 게르링으로부터 들어서 알고 매우 감동하여 슈바이카르트에게 안부를 전해달라고 말하고 있다. 이 C_0에 대해서 가우스가 어떻게 생각하고 있었는지, 타우리누스라는 사람에게 보낸 편지가 남아 있으므로 이것을 소개하자.

타우리누스(1794~1874)는 슈바이카르트의 조카인데 숙부의 권유를 받아 성계 기하의 연구를 시작하였으나 이 청년이 제출한 결과는 정반대로 평행선 공리의 증명이었던 것으로 보인다. 이 논문을 본 가우스의 회신이 지금 말한 편지이다. 가우스의 사고방법을 알게 되어 재미있다.

"10월 30일자 귀하의 편지와 논문은 대다수의 이른바 평행선 이론의 새로운 증명과는 달라 참으로 수학적 정신의 흔적이 인정되므로 흥미 있게 읽었습니다. 그러나 귀하의 증명 자체는 불완전하다고밖에 생각되지 않습니다. 삼각형의 내각의 합이 180°보다 크지 않다라는 증명도 기하학적으로는 아직도 충분하게 엄밀하지 않습니다. 다만 이것은 적당히 보충할 수 있고, 실제 엄밀하게 증명도 가능합니다. 전혀 사정이 다른 것은 제2부입니다. 내각의 합이 180°보다 작아질 수 없다는 것, 이것이 중요한 점이고 암초(暗礁)여서 여기에서 모두 무너져 버립니다. 아마 귀하는 이 문제에 착수하고 나서 아직 얼마 되지 않았겠지요. 나는 이 문제에 30년 이상 몰두하고 있고 이 제2부의 문제를 나 이상으로 다룬 사람은 없다고 믿습니다. 공표한 일은 없습니다만. 내각의 합이 180°보다 작다는 가정으로부터는 우리들의 유클리드 기하와는 전혀 별개의, 전혀 모순이 없는, 나 자신 전적으로 만족하고 있는 기하를 유도해 낼 수 있습니다. 이 기하에서는 어

떤 하나의 상수를 결정한다는 문제를 제외하고는 모든 문제
가 풀립니다. 이 상수를 크게 잡으면 잡을수록 유클리드 기
하에 가까워지고 무한대로 잡은 경우에는 완전히 이것과 일
치합니다. 이 기하에서는 정리 중에 얼핏 보기에 불합리하고
익숙하지 못한 사람에게는 조리가 안 맞는 것처럼 생각되는
것도 있습니다. 하지만 조용히 소상하게 생각하면 조금도 불
편하지 않습니다.

예컨대 삼각형의 세 개의 각은 변의 크기를 충분히 크게
잡으면 얼마든지 작아지고 게다가 변은 아무리 크게 잡아도
삼각형의 넓이는 어떤 정해진 극한값을 넘지 않습니다. 아니
결코 다다르지 않습니다. 아무리 내가 애써서 이 비유클리드
기하에서 모순과 불합리를 발견하려 해도 모든 것은 결실을
보지 못하고 우리들의 이해(理解)에 반하는 단지 하나의 것을
말하면 그것은 만일 비유클리드 기하가 참이라면 공간 속에
(우리들은 알지 못하지만) 저절로 정해진 크기의 선분이 존재할
것이다라는 것입니다. 그러나 우리들은 말솜씨가 좋은 형이
상학자의 공염불에도 불구하고 공간의 참된 본질에 대해서는
극히 약간만 알거나 아니 전혀 모르는 것은 아닌가, 무언가
부자연스럽게 나타난 것을 '절대로 불가능'이라고 잘못 이해
하고 있는 것뿐이 아닌가라고 나는 느낍니다. 만일 비유클리
드 기하가 참이고, 만일 또 앞에서 말한 상수가 지구상이나
하늘에서 우리의 측정 하에 있는 양과 무언가의 관련이 있다
면 이 상수는 후천적으로 구할 수 있을 것입니다. 나는 가끔
농담으로 '유클리드 기하가 거짓말이었으면 좋겠다, 그러면
절대량이 처음부터 결정되어 있을텐데'라고 말합니다.

수학적으로 사물을 생각하는 두뇌의 소유자라고 내가 생각

하는 사람에게는 내가 앞에서 말한 것을 곡해할 것이라는 염려를 하지 않습니다. 그러나 이상 언급한 것은 사적인 이야기로 알아 주셨으면 하고, 결코 공표하시거나 공개될 우려가 있도록 사용하지는 마시기를 부탁드립니다. 아마 나도 언젠가는 지금보다도 더 한가해지면 장차 나 자신이 나의 연구를 발표하게 되겠지요."

1822년 11월 8일 괴팅겐

C. F. 가우스

A군 가우스는 분명히 비유클리드 기하라 말하고 있군요.

필자 그렇군. 그래서 그 무렵에는 '상수'의 문제를 제외하고는 적극적으로 새로운 기하의 존재를 인정하고 있다.

A군 그러면 어째서 타우리누스에게 공개를 못하도록 한 것일까요?

필자 역시 상수에 걸린 거겠지. 참된 이유다운 것은 나중에 기회가 있으면 이야기하기로 하고, 앞으로 나아가지 않겠는가.

5. 가우스의 기록

필자 앞으로 나아가자고 말했어도 사실은 이야기로서는 제자리로 돌아가게 되는데, 앞에서 가우스가 곡면론을 쓴 이야기를 했었지.

곡률<0
〈그림 2-10〉

A군 거기에서 갑자기 W. 볼리아이로 이야기가 비약했습니다.

필자 그랬었지. 그러니까 이 가우스의 곡면론이라는 것은 그때까지의 특수한 곡면의 연구와 달라서 극히 일반적이고 게다가 스케일이 큰 것이다. 중심으로 되어 있는 것은 곡률의 개념이고 곡률이라는 것은 곡면상의 각 점에서의 곡면의 굽은 정도를 나타내는 양인데, 어떠한 것인지 개략적인 방향만 말하면 평면에서는 어느 점에서도 곡률은 0, 즉 굽어 있지 않음을 나타낸다. 또 반지름이 R인 구면에서는 어느 점에서도 곡률은 일정하고 $1/R^2$이라는 값을 가지고 있다. 또 곡면에 안장 형태의 장소가 있으면 거기에서의 곡률은 마이너스가 된다(〈그림 2-10〉 참조).

A군 곡률이 어디서나 마이너스라는 것도 있습니까?

필자 그러한 것도 있고 호리병박과 같은 형태(〈그림 2-11〉 참조)라면 잘록한 부분은 곡률이 마이너스이고 그밖의 부분은 플러스, 그 경계에 곡률이 0인 부분이 나온다. 이 곡률

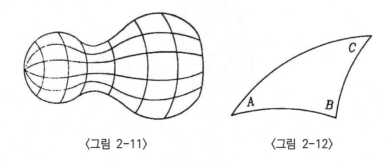

<그림 2-11>　　　　　　　　　<그림 2-12>

에 대해서 가우스는 '발군의 정리'라고 자화자찬한 정리를
번거로운 계산을 한 결과에 따라 내고 있다. 그것은

"곡면을 늘이거나 줄이거나 하지 않고 변형하는 것이라면 곡
　면의 각 점의 곡률은 바뀌지 않는다.

라는 것인데, 예컨대 구면의 일부를 잘라내서 늘이거나 줄
이거나 하지 않고 평면상에 펼치려 해도 구면은 각 점의
곡률이 $1/R^2$이고 플러스이지만 평면의 곡률은 0이므로 이
것은 이야깃거리가 되지 않는다. 그래서 평면상에 그린 지
도는 1만분의 1의 지도라든가 무언가라 해도 그것은 거짓
말이고 그러한 이상적인 지도는 있을 수 없다. 이러한 것
이 수학적으로 증명된 것이다. 이 발군의 정리는 자기 자
신이 칭찬할 만큼 훌륭한 정리이거든.
　다음으로 곡면론에서는 곡면상의 두 점을 연결하는 최단
의 곡선, 이를테면 측지선의 미분방정식이 계산되어 있다.
이것을 적분하면 측지선을 구할 수 있는 것이다. 측지선은

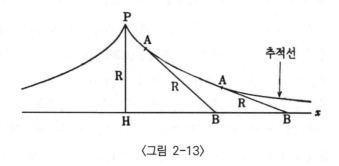

〈그림 2-13〉

평면이면 물론 직선이고, 구면이면 큰 원이 된다.

일반적으로 측지선은 곡면상에서 직선의 역할을 하므로 세 변이 측지선으로부터 만들어진 삼각형을 생각할 수 있는데 이것을 측지삼각형이라 한다. 여기서 또 가우스는 곡면론 중에서 가장 우아한 정리라고 자화자찬하는, 실제로 훌륭한 정리를 발견하고 있는데 이것을 알기 쉽게 말하면

"곡률이 도처에서 일정한 값 k인 정(定)곡률 곡면에서는 측지 삼각형 ABC(〈그림 2-12〉 참조)의 꼭지각을 A, B, C라 하면 이 삼각형의 넓이는 항상

* $(A+B+C-\pi)k$

로 나타낼 수 있다. 다만 각 A, B, C는 각을 라디안으로 나타낸 것으로 한다."

그러니까 k가 플러스이면 $A+B+C>\pi$가 되는 것이고, k가 마이너스이면 $A+B+C<\pi$, 즉 삼각형의 내각의 합이 180°보다 작다. 이것은 정말 중대한 발견이다.

A군 곡률이 마이너스에서 일정한 곡면이라는 것이 있습니까?

필자 그래, 가우스의 노트에 그 곡면이 구해져 있었거든. 위의 곡선(〈그림 2-13〉 참조)은 추적선(追跡線)이라 하여 곡선에 접선을 그었을 때 곡선과 X축의 사이 부분 AB의 길이가 일정값 R의 되어 있는 것인데, 이 곡선을 X축을 축으로 하여 빙그르르 1회 전시키면 그때 만들어지는 회전면(〈그림 2-14〉 참조)의 곡률 k가 정확히 $-1/R^2$이 되는 것이다.

A군 그렇다면 그 곡면은 비유클리드 기하를 나타낸 것과 다릅니까?

필자 그렇단다. 그런데 불가사의하게도 가우스는 정리로서는 k가 일정 값을 취하는 경우를 조금도 생각하지 않고, k가 곡면의 각 점에서 바뀌는 경우에도 성립하는 일반적인 정리밖에 언급하지 않고 있거든. 가우스가 너무나도 지나치게 일반적으로 생각하여 k=일정이라는 매우 중요한 특수예를 간과해 버린 것일까? 아무리 생각해도 잘 알 수 없다. 지금 말한 곡면 역시 노트에는 식도 곡선의 그림이 그려져 있고, "이 곡면은 구면의 역상(逆像)이다."라고까지 기록하고 있는데 말이야.

A군 역시 비유클리드 기하가 알려지는 것이 싫어서였을까요?

필자 그렇다고도 생각되지만, 친한 사람에게도 이야기하지 않은 것을 보면 명확치가 않았는지도 모른다. 게다가 이 곡면은 훗날의 사람도 발견하여 이것을 위구(僞球)라 이름붙였는데, 위구상에서는 그 위의 일부에서 삼각형의 내각의

〈그림 2-14〉

합이 180°보다 작다라는 성질은 갖지만 곡면 전체는 〈그림 2-14〉에서 알 수 있는 것처럼 전혀 비유클리드평면으로 되어 있지 않다. 그런 의미에서 가우스의 태도는 여느 때와 같이 신중하였다고도 할 수 있을 것이다.

가우스보다도 수십 년 뒤에 자네도 알고 있는 『기하학 기초론』을 쓴 힐베르트(1862~1943)가 곡률이 마이너스의 정해진 값을 취하고 게다가 도처가 매끄러운 곡면은 3차원 공간 내에 존재하지 않음을 증명하고 있다. 가우스의 일이니까 증명이 있고 없고는 별개로 하고 이 사실을 알고 있었는지도 모른다.

A군　곡면론에서는 결국 비유클리드 기하의 존재는 끌어내지 못한 것이군요.

필자　가우스의 논문은 표면상으로는 분명히 알기 쉽지만 그 이면에 숨어 있는 것을 말하지 않는 일이 있다.

A군　사실 그 이면에 아무것도 없었던 것 아닙니까?

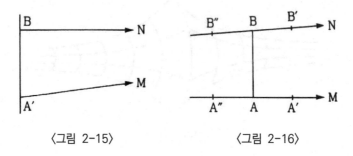

〈그림 2-15〉   〈그림 2-16〉

필자 자네도 꼬치꼬치 캐묻는 것을 좋아하는군. 그러나 그렇게
꼬치꼬치 캐묻다가는 끝이 없으니까 곡면론은 이 정도로
해 두고 마지막 부분까지 나아가자.

가우스는 평행선에 대한 의문으로부터 공간이나 평면에 대
해서도 궁리를 하고 있었던 것 같은데 곡면론을 집필하고
나서 3, 4년 뒤 1831년 5월 17일자의 슈마허라는 절친한
사람에게 보낸 편지에

"내가 지금까지 궁리한 것 중에는 40년이나 이전의 일도 있
어 그것을 지금까지 적어 두지 않았기 때문에 세 번, 네 번
이나 다시 궁리해 내지 않으면 안 되는 것도 많이 있었는데
몇 주일 전부터 조금씩 쓰기 시작했습니다. 나와 함께 스러져
버리는 것도 싫어서 말이지요."

라는 내용을 적어 보냈다. 이것처럼 보이는 기록이 분명히
남아 있다. 내용이 짧고, 가우스 특유의 간결하고 요령 있
는 증명이 붙은 것이므로 전부를 번역해도 되지만 요점만
이야기하자.

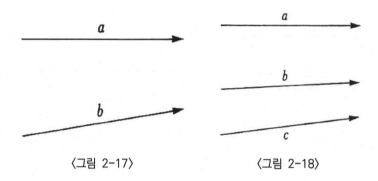

〈그림 2-17〉   〈그림 2-18〉

그래서 우선 평행선의 정의는 앞에서도 한 것처럼 〈그림 2-15〉에서 반직선 AM, BN은 교차하지 않지만 A를 지나서 AM, BN 사이에 있는 직선은 모두 BN과 교차할 때 AM은 BN에 평행이라고 한다. 그러면

⑴ AM//BN이라면 AM, A′M, A″M의 어느 것도 BN, B′N, B″N의 모두에 평행이다(〈그림 2-16〉 참조).

⑵ 반직선 a가 b에 평행이라면 반대로 b는 a에 평행이다(〈그림 2-17〉 참조).

⑶ a가 b에도 c에도 평행이라면 b는 c에 평행이다(〈그림 2-18〉 참조).

⑷ a//b이고 c가 a, b 사이에 있으며 어느 쪽과도 교차하지 않으면 c는 각각에 평행이다(〈그림 2-19〉 참조).

⑸ a//b이라면 a, b는 역의 방향에서 교차하는 일은 없다(〈그림 2-20〉 참조).

이상은 누구라도 착상하는 일이지만 다음 개념이 중요하다.

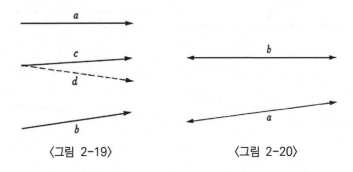

〈그림 2-19〉   〈그림 2-20〉

(6) (정의) a//b이고 ∠A=∠B일 때 점 A, B를 평행선 a, b 의 '대응점'이라 한다(〈그림 2-21〉 참조).

그러면 다음의 번거로운 보조정리가 성립한다.

(7) A, B가 평행선 a, b상의 대응점이라면 선분 AB의 수직 2등분선 MN은 두 평행선에 평행이고 또 MN에 대해서 A와 같은 쪽에 있는 점 P는 B보다는 A에 가깝다(〈그림 2-22〉 참조).

A군 잘 모르겠습니다만.

필자 그림을 보면 알 수 있지만, 몰라도 괜찮아. 나머지의 것을 증명할 때 필요한 것뿐이니까.

(8) 거듭 A′, B′이 대응점이라면 선분 AA′=BB′이다(〈그림 2-23〉 참조).

(9) (정리) A, B, C가 각각 평행선 a, b, c상의 점에서 A와 B, B와 C가 대응점이라면 A와 C도 대응점이다(〈그림 2-24〉 참조).

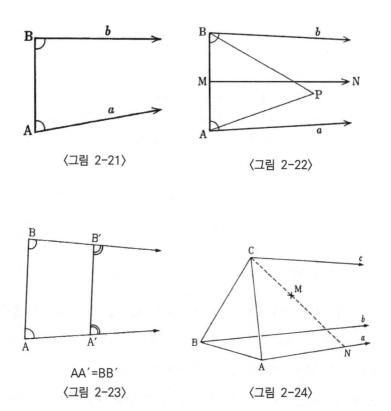

〈그림 2-21〉

〈그림 2-22〉

AA′=BB′

〈그림 2-23〉

〈그림 2-24〉

이 마지막 정리에서 직선 a에 평행인 모든 직선에 대해서 a상의 점 A의 대응점을 취하면, 그 궤적은 하나의 선이 된다. 이것을 가우스는 트로페라 이름붙였다(〈그림 2-25〉 참조).

이 트로페는 매우 중요한 곡선이지만 가우스의 노트에는 이상으로서 극적으로 미완성인 채로 끝나고 있다. 슈마허에게 보낸 1831년 7월 12일자의 편지에는 "비유클리드 기하에서는 반지름 r의 반원둘레는

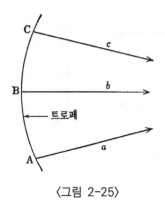

〈그림 2-25〉

$$* \quad \frac{1}{2}\pi k(e^{\frac{r}{k}} - e^{-\frac{r}{k}})$$

가 된다."라고 적혀 있지만 유감스럽게도 가우스가 어떻게 해서 이 식을 유도해 냈는지 알 도리가 없다(〈보강 8〉 참조).

A군 극적으로 미완성으로 끝났다고 하시면…….

필자 그것은 나중에 이야기하자. 이 기회에 가우스의 성격이라 할까, 생활태도에 대해서 한마디 해 두자.

가우스는 가난한 집안에서 자라났으므로 자기의 재능만이 출세하기 위한 유일한 수단이었고, 그 재능이 인정되었기에 태어난 곳인 브라운슈바이크 공국의 페르디난드 공의 지대한 비호를 받아서 고등교육도 받고 취직할 수도 있었던 것이다. 그래서 자기의 연구에 조금이라도 오류가 발견되는 것은 연구자로서의 명성을 실추시키는 일이었고 가우스로서는 이것은 절대로 허용되지 않았다. 지위가 확고해진 뒤에도 이 습성은 완전히 몸에 배었을 것이다. 그래서 자기의 연구는 완벽한 형태로 정리되지 않는 한 쉽사리 발표하지는 않았다.

그러나 가우스 자신은 이 성격이 나중에 몇 명의 사람에게 불행을 초래하는 결과가 되리라고는 전혀 예상치도 못했을 것이다. 다음 드라마의 전개를 들어보게나.

6. 비운의 부자 W. 볼리아이와 J. 볼리아이

볼리아이 부자와 가우스

필자 다음으로 비유클리드 기하 발견자의 한 사람인 요한 볼리아이의 이야기에 들어가자. 볼리아이는 스펠링이 Bolyai이지만 헝가리인은 보야이라든가 보요이라고 말한다. 요한은 독일이름이고 헝가리에서는 야노슈라 하고 Bolyai János처럼 우리말 순서로 적는다. 부친 볼프강은 파르카슈이지만 현재까지대로 W. 볼리아이라든가 아버지 볼리아이라 부르기로 하자.

J. 볼리아이와 아버지 W. 볼리아이는 불가분(不可分)의 관계에 있으므로 조금 전과 중복되는 부분이 있지만 먼저 부친의 이야기를 하자.

W. 볼리아이(1775~1856)는 헝가리의 귀족출신이고 소년시절은 무엇이든 할 줄 아는 신동이었던 것 같다. 화가가 되려고도 하고 배우가 되려고도 했으며, 어학도 수학도 좋아했기 때문에 무엇을 해야 좋을지 좀처럼 결심할 수 없

었다. 그러던 어느 날, 화약실험에서 눈을 다치고 나서부터는 머리만으로 할 수 있는 수학에 전념하게 되었다고도 한다. 훗날에는 마로슈 바샬헤리라는 마을의 고등학교에서 수학, 물리, 화학의 괴짜 교수로서 생애를 마쳤다.

20세 무렵에는 평행선의 공리 등 자기류에 관한 이것저것을 생각하고 있었으나 21세 때의 가을, 괴팅겐대학에 유학하였을 때 2세 연하인 가우스와 알게 되어 두 사람이 둘도 없는 벗이 됐다는 것은 앞에서 말했다.

아버지 볼리아이는 이윽고 고향에 돌아가서는 수학교사를 하면서 여전히 평행선 공리의 증명을 계속하고, 때로는 가우스에게 자기의 결과를 알리면 가우스로부터는 그 오류가 지적되어 되돌아온다. 그러한 일로 평행선에 사로잡힌 그는 실패에 실패를 거듭하고 있는 동안 자기의 생활태도가 엉망이 되어 있는 것을 알아차렸지만, 그 때는 이미 장년기에 이르고 있었다.

아들 야노슈(1802~1860)가 태어난 것은 아버지 볼리아이가 청년시대 때였는데, 이 아이가 보통 아이가 아닌 것이 자랑스러워 그 비정상적인 아이의 행동을 세세하게 가우스에게 알리고 있다.

루소의 『에밀』이 대유행이던 시대였으므로 겨우 9세가 되어서 비로소 옛날식으로 가정교사를 채용한 보통교육에 되돌아갔지만, 수학은 물론 아버지 볼리아이가 가르쳤기 때문에 12, 13세 무렵에는 해석 기하에서 2차곡선론까지 진도가 나갔다.

여동생이 한 명 있었지만 일찍 죽었기 때문에 외아들인

야노슈를 응석받이로 기른 탓에 15세 무렵에는 화를 잘 내고 버릇없는 기분파 젊은이가 되어 있었다. 그러나 아버지의 가르침으로 과학, 특히 수학을 좋아했고, 어학실력도 상당한 데다 바이올린의 명수였다고 한다.

볼리아이 야노슈

야노슈가 아직 5세였던 1807년에 아버지 볼리아이는 가우스에게 보낸 편지에서, 자기 아들에게 수학의 재능이 있다는 것을 자랑하고 15년쯤 지나면 야노슈를 당신에게 데리고 가서 당신의 제자를 시키고 싶다는 뜻을 피력했다. 그러나 W. 볼리아이와 가우스 사이는 차츰 멀어져 가서 다음해인 1808년에 평행선의 증명을 동봉한 W. 볼리아이의 편지에 가우스가 회신을 하지 않은 것은 앞에서 이야기한 대로이다.

A군 W. 볼리아이의 증명이 또 잘못되었기 때문에 연구를 계속 하도록 용기를 북돋아줄 기분도 나지 않았을 것이라고 말씀하셨지요.

필자 그밖에도 가우스가 점점 바빠졌기 때문에 신경이 쓰이는 편지 등은 쉽사리 쓸 수 없었겠지. 그러나 W. 볼리아이는 여전히 아들을 가우스에게 맡길 마음이 있었던 것 같고, 아들 야노슈도 부친이 거인 가우스와 친구라는 것을 자랑스럽게 생각해서 빨리 가우스 밑에서 수학을 연구할 것을 동경하고 있었다는 것은 충분히 상상할 수 있다. 그렇지만 W. 볼리아이도 그렇게 쉽사리 아들을 멀리 떨어진 괴팅겐

으로 유학시킬 만큼의 재산도 없었기 때문에 마음 아파했
다. 다행히 야노슈가 14세 때의 봄, 2년 후에는 장학금을
받을 수 있는 가능성이 생겼으므로 진작부터 마음먹고 있
었던 자식의 지도를 부탁하려고 1816년 4월 10일자로 가
우스에게 다음과 같은 편지를 썼다.

먼저 자기 자식의 수학적 재능을 자랑한 다음

"그 애를 3년 간 맡아 주었으면 하오. 가능하면 당신 집에 말
이오. 그 이유는 15세의 어린아이를 혼자 놔둘 수는 없고,
그렇다고 해서 집사(執事)를 붙여 주는 것은 소송문제 때문에
허덕이고 있는 나로서는 힘에 버겁기 때문입니다. 물론 영부
인께서 지출하는 비용은 변상하겠습니다—만일 내가 그 애와
동행할 수 있다면 만사를 잘 처리할 수 있을 것입니다. 그래
서 이 계획에 대해서 다음 사항을 솔직히 알려 주십시오.

⑴ 당신은 그 무렵에 위험한 적령기에 있는(피차일반이지만) 따
님이 없습니다. 물론 청년은 반드시 이 위험한 싸움터에 있는
것이기 때문에 약간의 이성(理性)만 있으면 맹목적인 총알에
맞아 불구자가 돼서 이 도원경(桃源境)의 꿈에서 깨는 일은
없을 것입니다…….

⑵ 당신은 건전하고 가난하지 않고 충족한 생활을 하여 약간
귀찮지는 않을까요? 특히 영부인은 여성으로서 특별한 분?
풍향계(風向計)처럼 마음이 잘 변하는 것은 아니겠지요? 청우
계(晴雨計)가 바뀌면 요조심!과 같은 일은 없겠지요?…….

⑶ 여러 가지 사정을 따져 보시고 당신은 아주 간단히 한 마
디로 좋다고 결정할 것으로 생각합니다. 나는 당신이 따뜻한
마음을 지니고 있다는 것을 믿어 의심치 않기 때문입니다."

A군 상당히 색다른 편지 같은데 유럽 사람들은 이렇게 노골적
인 편지를 씁니까?

필자 설마 그렇겠는가. 농담조이겠지. W. 볼리아이는 살림형
편이 나빠졌지만 아직도 양반집에서 자란 티가 남아 있는
거겠지. 가우스 선생에게는 농담이 통할 것 같지도 않아
그 당혹해 하는 얼굴이 눈에 보이는 것 같다. 아니나 다를
까, 가우스로부터의 회신을 아들과 함께 일일천추의 마음
으로 기다리던 W. 볼리아이에게는 1주일이 지나도 1개월
이 지나도 회신이 오지 않았다. 드디어 가우스로부터의 회
신이 없는 채로 가우스와 W. 볼리아이 사이의 소식은 그
후 15년간 끊겨 버렸다.

아버지 볼리아이의 놀라움

필자 기대하던 가우스로부터의 회신이 없자, W. 볼리아이는
1818년 16세의 야노슈를 빈에 있는 육군공과대학에 입학
시켰다. 이것은 다른 대학에 자기 마음에 드는 수학 지도
자가 없다는 것과 W. 볼리아이 자신이 군대생활을 좋아했
기 때문이었다. 젊은 볼리아이는 5년 후인 1823년 이 곳
을 우수한 성적으로 졸업하여 씩씩한 20세의 공병소위에
임관되었다.

A군 J. 볼리아이는 수학 전문교육은 받지 않았군요.

필자 고등수학의 엄격한 교육은 받았지만, 뭐니 뭐니 해도 자
유로운 수학은 아니니까 말이지. 프랑스의 레코르 폴리테
크닉과는 다른 것 같다.

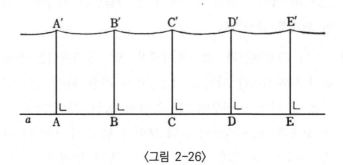

〈그림 2-26〉

　이것이 불운의 하나라고 생각한다. 그러나 아버지로부터 기하의 초보를 배웠고 어느새 평행선 문제를 생각하게 되어 공과대학 학생 때 이미 "직선 a에서 등거리에 있는 곡선은 직선이다."를 증명하려고 했다. 이를 위해서는 〈그림 2-26〉처럼 a상에 같은 간격으로 점 A, B, C, D, E…를 잡고 같은 길이의 수선 AA′=BB′=CC′=…을 세우면 A′B′=B′C′=C′D′=…이 되는 것은 명백하므로 만일 A′, B′, C′…이 일직선이 되지 않는다면 ∠A′, ∠B′, ∠C′…은 2직각이 되지 않고 게다가 각은 같으므로 A′B′C′…은 변이 같고 동시에 각 ω가 같은 꺾은선이 된다(〈그림 2-27〉 참조). 그러나 이러한 꺾은선은 원에 내접하는 것이므로 유한의 장소를 빙그르르 돌게 되어 그림처럼 직선을 따라 무한히 뻗을 리는 없다. 이것은 모순이다. 그러므로 a에서 같은 거리에 있는 선은 직선이라는 증명이다.
　1820년 봄, 볼리아이가 아버지에게 자기의 이 증명을 알렸을 때 아버지 볼리아이는 심장이 멎을 정도로 놀랐다.

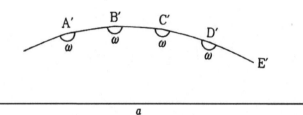

〈그림 2-27〉

꼭 이것과 같은 생각을, 자기는 20년 전에 가우스에게 알렸고 게다가 가우스로부터 증명의 잘못을 지적받았었기 때문이다(〈그림 2-4〉 참조). 그 뒤 자신은 평행선 공리의 증명에 완전히 사로잡혀, 마침내 자신의 반평생을 엉망으로 만들었다. 이 잘못된 길을 소중한 외아들이 가르치기도 전에 어느새 꼭 그대로 따라오고 있는 것이 아닌가.

A군 아버지 볼리아이는 야노슈에게는 평행선 공리에 대한 연구를 감추고 있었군요.

필자 그렇단다. 그래서 놀란 아버지는 편지를 받은 즉시, 기나긴 편지를 썼다. 1820년 4월 4일자의 편지이다. 이 편지에서 아버지 볼리아이는 젊은 볼리아이에게 "평행선 공리의 증명에 손을 대서는 안 된다. 평행선의 연구에 뛰어든 끝에 실패한 나의 비참한 상태를 보아라. 너를 이런 꼴로 만들고 싶지 않은 거다."라고 하면서 자신의 실패담을 처음으로 아들에게 상세히 일러 주었다.

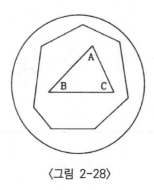

〈그림 2-28〉

A군 예컨대 어떠한 것입니까?

필자 공리를 부정하여 a상에 없는 점에서 두 개의 평행선을 그을 수 있다고 가정하면, 다음에 드는 것 같은 여러 가지의 불합리가 생긴다는 것이다. 먼저

"내각의 합이 얼마든지 작은 삼각형이나 다각형이 있다. 더구나 이 다각형의 변의 수가 얼마든지 큰 것이 있다."

자네도 알기 쉽도록 〈그림 1-54〉의 모델을 사용해서 그림을 그려 보면 그 의미를 잘 알 수 있다. 〈그림 2-28〉에서 △ABC의 꼭짓점을 원둘레로 가까이 잡아가면 A+B+C는 얼마든지 0으로 접근한다. 다각형에서도 그렇다, 자네에게는 아직 설명하지 않았지만(〈보강 5〉 참조). 다음으로

"한 직선 a에 직교하는 직선을 전부 생각하면 이 직선 전부에 교차하는 직선은 a뿐이다."

라는 묘한 일이지만 이것을 그리면 〈그림 2-29〉처럼 돼

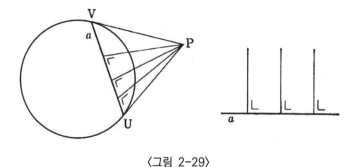

〈그림 2-29〉

서 P에 모이는 직선이 원내에서는 a=(VU)에 수직이므로 아버지 볼리아이가 말한 대로 되는 것을 알 수 있다(〈보강 3〉 참조). 물론 아버지 볼리아이는 이러한 그림은 모른다.

"크기에 상관없이 작은 각 속에 얼마든지 180°에 가까운 둔 각을 넣을 수 있다."

이것도 원의 그림 〈그림 2-30〉을 그리면 알 수 있다(유 클리드평면이라면 α 내의 β각은 β쪽이 작거나 똑같다). 이밖에 여러 가지 예를 W. 볼리아이는 들고 있지만 그만두자.

그런데 평행선 공리가 없으면 필연적으로 이러한 불가사 의한 사실이 많이 일어난다. 그러나 이 불가사의한 일이 모순이라는 것을 아무리 해도 증명할 수 없다. 그래서 자 기는 평행선 공리를 증명하는 것은 절대로 불가능하다고 생각한다. 그래서 이러한 헛된 노력은 결코 하는 것이 아 니라고, 아버지 볼리아이는 입에 신물이 나도록 아들에게 설득한 것이었다.

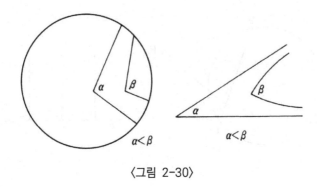

〈그림 2-30〉

A군 평행선의 공리를 증명할 수 없는 것이라면, 평행선 공리를 부정한 비유클리드 기하가 있는 것 아닙니까?

필자 여보게, 그것은 자네가 비유클리드 기하라는 것이 있다는 것을 설듣고 알고 있기 때문에 그렇게 말할 수 있는 것이다. 평행선 공리를 부정하면 어떠한 기하가 생기는지 해보면 그 어려움을 알 수 있다. 정말 어찌할 바를 모르게 되는 것이네. 게다가 늙은 볼리아이는 체험으로써 공리를 증명할 수 없다는 확신을 얻은 것이지만, 그러면 공리를 부정하면 새로운 기하가 생기는 것은 아닌가라는 그런 번득임을 하늘에서 부여받는 행운은 없었다. 비위에 거슬리는 표현방법을 쓰면 말일세.

A군 천재는 아니었다는 것이군요.

필자 기존의 수학적 사고를 깨는 일이기 때문에 말일세.

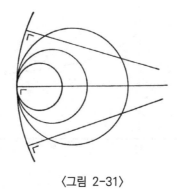

〈그림 2-31〉

7. J. 볼리아이, 마침내 비유클리드 기하를 발견

필자　아버지로부터 처음으로 그 비밀을 알게 된 야노슈는 연구를 단념하기는커녕 아버지로부터 박차가 가해진 것처럼 생각하고 점점 평행선의 연구에 몰두하였다. 그렇다고 해서 당장 멋지게 풀린 것은 아니었지만, 마침내 어느 날 사스라는 수학을 좋아하는 친구와 서로 이야기를 나누고 있을 때 어느 쪽이라고도 할 것 없이 '무한반지름의 원'에 대한 생각이 떠올라 이것이야말로 평행선의 비밀을 푸는 유일한 열쇠가 아닌가, 이것으로 겨우 올바른 궤도에 오를 수 있게 되었다고 하는 강한 예감을 느꼈다(〈그림 2-31〉 참조).

A군　가우스의 노트에도 있었던 곡선입니까?

필자　그래, 가우스가 말하는 트로페이다. 그러나 좋다고 예상한 생각도 아버지 볼리아이에게 알렸더니 예상과는 달리

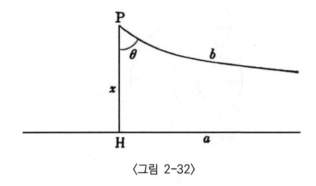

〈그림 2-32〉

아버지는 반대를 했고 자기도 그 뒤 쉽게 진전을 보지 못한 채로 악전고투의 나날을 보내고 있었는데, 군대에 복무하게 된 1823년 겨울의 어느 날 한밤중에 드디어 결정적인 순간이 나타났다.

지금 점 P에서 직선 a에 길이 x인 수선 PH를 내리고 P에서 a에 그은 평행선과 PH가 이루는 각을 $\theta(x)$라 하면

$$* \quad \tan\frac{\theta(x)}{2} = e^{-\frac{x}{k}}$$

가 된다는 것이었다(〈그림 2-32〉 참조).

A군 허참, P에서 a에 두 개의 평행선을 그을 수 있다는 가정만으로 그러한 분명한 식이 잘도 나오는 것이군요.

필자 자네가 새로운 발견의 놀라움을 순순히 알아차리니 이야기한 보람이 있어 기쁘다. 볼리아이도 기쁨을 억누르지 못해 곧 아버지 볼리아이에게 보고하고 난문의 해결도 이나머지를 정리하여 마무리하는 것만 걸려 있다고 적어 보

냈더니 그토록 완강했던 아버지 볼리아이도 아들의 공리의 증명이 성공에 접근한 것으로 착각해서인지 다음과 같은 불길한 예감이 감도는 충고를 하였다. "네가 성공한 날에는 즉시 내가 집필 중인 『수학입문시론』(텐터멘)에 발표하자. 대발견이라는 것은 빨리 공표하지 않으면 안 된다. 그 이유는 첫째, 아이디어라는 것은 전달되기 쉽고 사람에게 도둑맞을 염려가 있으며, 둘째로 새로운 사실이라는 것은 봄의 들판의 제비꽃처럼 때가 오면 여러 곳에 한꺼번에 피는 것과 같은 일이 있기 때문이다. 과학에서 발견의 영예는 제일 먼저 입후보한 자에게만 오는 것이다."

이 진실을 찌른 아버지 볼리아이의 말은 그 후 젊은 볼리아이에게 어두운 그림자를 비치게 되지만, 아무튼 젊은 볼리아이는 연구의 완성을 서둘렀기 때문에 2년 후인 1825년에는 거의 대체적인 형태가 갖추어졌다. 그것은 평행선의 공리이든 아니든 그것과는 관계가 없는 젊은 볼리아이가 말하는 「절대기하학」이 생긴다는 것이었다. 앞의 식 *로 말하면 어떠한 양의 수 k에 대해서도 평행선을 두 개 그을 수 있는 기하가 생기고 k가 무한대일 때는 보통의 기하가 생긴다. 이 k는 무엇이어도 되지만 우리들의 공간에서 k가 어떠한 값을 취하는가는 알 수 없다는 것이었다.

그런데 젊은 볼리아이가 아버지에게 이 이야기를 했더니 아버지는 기대에 반해서 볼리아이의 연구는 평행선 공리의 증명이 아니었으므로

"이것은 안 돼!"

라 한다. 젊은 볼리아이는

"평행선 공리를 증명할 수 없음을 증명한 것이므로, 이것으로 괜찮습니다."

라고 대답한다.

"이 공리를 증명할 수 없다는 정도는 나의 오랜 세월의 노고로 알고 있는 것이므로 이제 와서 네가 새삼스럽게 할 것까지는 없다. 첫째 k의 값을 알 수 없고 어떠한 기하가 이 공간에서 성립하는지 모르고서는 이야깃거리가 안 되는 것 아닌가." 기뻐해 줄 것으로 생각했던 아버지는 정면에서 반대하고 아무리 설명해도 이해하려고 하지 않는데다가 공교롭게도 경제문제도 얽혀, 결국 두 사람 사이의 관계는 험악해졌다. 하지만 결국 두 사람은 가우스에게 판정을 받기로 이야기가 마무리되었으므로 볼리아이는 급거 자기 논문을 라틴어 논문으로 완성시켜 아버지에게 보냈다. 아버지 볼리아이는 그것을 『시론』의 부록에 넣어 인쇄하여 그 별쇄를 가우스에게 보내고 또 별도로 15년 만에 인사를 주고받은 다음, 자세한 것을 쓴 편지를 1831년 6월 20일자로 발송하여 논문의 비판을 요청하였다.

A군 가우스는 그 무렵 비유클리드 기하를 훨씬 전에 발견하고 있었지요.

필자 아슬아슬한 고비이지만 앞에서 이야기한 것처럼 그 해 5월에 슈마허에게 보낸 편지가 증거로 되어 있다. 착오가 생겨서 가우스가 젊은 볼리아이의 논문을 실제 본 것은 다음해인 1832년이었지만 이번에는 가우스도 과연 회신을 보내고 있다. 머리말을 생략하면,

"그런데 아드님의 논문인데 먼저 이 논문을 칭찬할 수는 없다고 말씀드리면 아연해하시겠지요. 그러나 달리 방법이 없군요. 그 이유는 그것을 칭찬하는 것은 나 자신을 칭찬하는 것이 되기 때문입니다. 그것은 논문의 모든 내용, 아드님이 취한 길, 결과의 어느 것도 내가 30년, 35년 이래 실행하여 온 심사숙고의 결과와 전적으로 부합되기 때문입니다. 이것에는 전적으로 놀랄 수밖에 없습니다."

라고 하는 것으로부터 평행선의 공리를 부정한 기하는 약간의 사람을 제외하고는 이해될 수 없으므로 나는 생전에는 공표하지 않지만 자신과 함께 세상에 알려지지 않는 것도 아깝기 때문에 슬슬 집필할 예정이었다는 것 등을 언급하고,

"그래서 이 노고를 덜어준 것은 매우 놀랍고 동시에 적절하게도 나의 옛 친구의 아들이 이렇게 훌륭한 형태로 나보다도 앞선 것은 참으로 기쁘기 짝이 없습니다."

라고 젊은 볼리아이의 재능을 칭찬하고서, 그 다음 논문에 대해서 두세 가지의 주의를 주고 "사면체의 부피를 나타내는 식을 만들어라" 등의 문제를 제출하고 있다.

이 회신을 받아 본 아버지 볼리아이는 "내 아들이 가우스와 같은 경지에 이르다니 놀랍구나. 그 애는 천재였는가." 하면서 처음으로 자기 자식을 다시 보게 되었고 무척 기뻐

하면서 가우스의 회신의 복사본을 아들에게 보냈다.

A군 젊은 볼리아이는 낙심했겠죠.

필자 낙심 정도가 아니지. 자기 이외의 사람이 같은 사고에도 달하고 있다는 것은 도저히 믿기지 않는다. 이것은 아버지가 나를 골탕 먹이려고 내가 한 일을 가우스에게 누설한 것은 아닌가라든가, 가우스가 이러한 대발견을 했다면 발표하지 않았을 리가 없다, 발표를 미루고 있었다고 하면 그것은 아직도 사고가 명확하지 않았기 때문이 아닌가, 나의 논문을 보고 자기도 이전부터 같은 사고를 갖고 있었다고 주장하다니 비열한 것도 이만저만이 아니다 등등 울분을 풀 길이 없어 이전부터 건강을 해치고 있던 볼리아이는 이 타격으로 완전히 인품이 바뀌어 난폭해지고 이것이 원인이 돼서 다음해에 마침내 군에서 제대하여 고향으로 은퇴해 버렸다.

A군 가우스도 몹시 무자비한 편지를 썼군요. 조금 더 다정하게 말해 주었어도 좋았을 텐데요.

필자 천성이니까 할 수 없지. 게다가 가우스는 비유클리드 기하의 공표는 회피하고 있었으므로 볼리아이의 논문을 공식적으로 소개할 리가 없다. 게다가 또한 아버지 볼리아이의 『시론』 자체가 사람들에게 읽힐 만한 책도 아니었기 때문에 결국, 젊은 볼리아이의 논문은 생전에 빛을 보지 못하고 말았다. 볼리아이는 가우스를 앞질러 세상을 깜짝 놀라게 할 작정으로 수학의 대저술을 지향한 것이지만 한번 정신적으로 좌절한 사람이 잡념을 품고 연구를 심화시키는 것은 지극히 어렵다. 그리고 나중에 이야기가 나오지만 또 하나의 충격적인 사건이 일어났거든. 결국 볼리아이에게 봄은 다시 돌아오지 않았고 누구에게도 인정을 받지 못한 채로 1860년 58세의 나이로 쓸쓸하게 세상을 떠났다. 앞으로 불과 7년을 더 생존할 수 있었으면 일약 헝가리의 영웅이 되었다고 하는데 말이야.

A군 비운의 사람이군요.

필자 늙은 볼리아이는 아들에게 보낸 편지 속에서 "행복한 사람은 다른 사람도 행복하게 만들기 쉽지만, 바싹 마른 샘에서는 무엇이 흘러나올 것인가."라고 말하고 있는데, 볼리아이가 아버지의 불행을 정면으로 물려받았다는 느낌이 들어 애처롭다.

8. 최초의 비유클리드 기하의 발견자, 로바제프스키

허(虛)의 기하

필자 로바체프스키는 볼리아이 부자와 달라서 개인적 기록이 적고 극적인 장면이 없으므로 이야기로서는 재미가 없다. 볼리아이 부자의 일로 상당히 시간을 소비했으니 이번에는 간단하게 매듭을 짓자.

　　로바체프스키(1793~1856)는 이름으로부터도 상상할 수

114

로바체프스키

있는 것처럼 폴란드계의 러시아인이고 니주니 노부고르트에서 태어났다. 4세 때 아버지를 잃고 상당한 교양이 있었던 어머니에게 이끌려서 카잔으로 옮겨서 거기서 일생을 보냈다. 1807년 14세 때 2년 전에 막 신설된 카잔대학에 입학하였으나 당시의 러시아는 과학적인 학문의 수준이 낮고 대학의 교관도 외국인 교사인 독일 사람이 많았다. 수학교사에는 야릇하게도 브라운슈바이크에서 가우스의 스승이기도 하고 친구였던 바텔스(1769~1836)라는 좋은 스승을 만나 오일러의 미적분, 라그랑주의 해석역학, 라플라스의 천체역학, 동주의 화법(畵法) 기하, 르장드르나 가우스의 정수론 등 당시 일류의 수학을 엄격하게 가르침 받았다.

A군 상당히 아카데믹한 수학이군요.

필자 볼리아이의 논문은 아버지 볼리아이로부터 배운 색다른 수학이 몸에 밴 탓인지 어쩐지 미숙해서 읽기 어렵지만, 로바체프스키의 논문은 수학적으로는 세련된 부분이 있다. 아카데믹한 교육을 받은 사람과 그렇지 않은 사람과는 아무리 해도 차이가 나거든. 착하고 악한 것은 별개로 하고 말이야. 그건 그렇다 치고 로바체프스키는 학생 때는 원기왕성한 나머지 약간 난폭한 행위를 한 것 같지만 재능을 인정받아 무사히 졸업하고 모교에 취직하게 되었다. 신흥대학인지라 무엇이든 재능 나름이어서 로바체프스키는 조

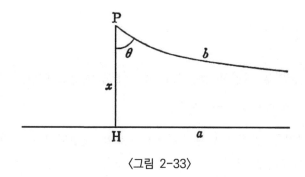

〈그림 2-33〉

교, 조교수, 이학부장, 교수라는 묘한 순서로 자꾸만 자격이 올라가서 1827년 34세 때에는 학장으로까지 선출됐다.

A군 그러면 언제쯤 비유클리드 기하를 발견한 것입니까?

필자 처음에는 대수와 기하의 강의를 맡았는데 기하의 강의를 하기 위해 르장드르의 기하교과서 등을 잘 조사한 것 같다. 나중에는 그밖에 여러 가지 강의를 맡기도 했지만, 아무튼 잡무가 많아 연구 쪽은 너무 광범하게 할 수가 없어 결국 연구 과제를 기하의 기초로 되어 있는 평행선 문제로 압축한 것이 정신집중을 하는 의미에서 효과적이었던 것 같다. 그래서 학장이 되기 전 해인 1826년에는 수학물리학회의 강연에서 평행선 문제 해결의 제1성을 발하고 있다. 이때의 논문은 현재 없지만 1829~1830년의 카잔대학 기요(紀要)에 발표한 논문이 앞에서의 강연의 요지를 발전시킨 것으로 생각된다. 여기서 로바체프스키는 〈그림 2-33〉의 θ를 평행선 각이라 하여 $\Pi(x)$라는 기호로 나타내서 볼리아이 때의 관계

$$\tan \frac{\Pi(x)}{2} = e^{-\frac{x}{k}}$$

를 참으로 선명한 방법으로 멋지게 증명하고 있다.

A군 그 증명을 가르쳐 주십시오.

필자 이것은 언젠가 다른 기회에 소개할 예정이니까 여기서는 그만두기로 하자.

A군 그건 좀 유감스럽군요.

필자 그 뒤 로바체프스키는 자기가 발견한 기하를 러시아어로는 아무리 해도 읽어 주지 않기 때문에 독일의 유명한 클레레의 수학전문잡지에 프랑스어로 투고하였고, 1840년에는 비유클리드 기하를 요령 있게 정리한 『평행선 이론의 기하학적 연구』를 독일어로 써서 베를린에서 출판하였으나 이것도 전혀 세간의 반향이 없었다. 1846년 53세 때 퇴직을 하자 지금까지의 초인적인 격무로 인한 피로가 일시에 나타나서인지, 그것보다는 자기의 평생사업이 세상에 인정되지 않았던 것이 최대의 원인인지도 모르지만 퇴직 후에는 눈에 띄게 건강이 쇠약해지기 시작하였다.

그래도 그는 죽는 순간까지 여러 번 자기의 기하에 대해서 논문을 쓰거나 강연을 하기도 하였으나, 마지막에는 시력까지 상실하였고 퇴직 후 10년이 못 되어 세상 사람에게 자기의 작업을 인정받지 못한 채로 가우스가 죽은 다음해인 1856년, 63세로 세상을 떠났다.

A군 로바체프스키의 논문이 어째서 사람들에게 읽히지 않았던

것일까요? 선생님께서는 아까 로바체프스키의 논문은 볼리아이와는 달리 세련되었다고 말씀하셨는데요.

필자 그것은 내가 비유클리드 기하에 대한 것을 알고서 읽기 때문이지. 그래서 사람들에게 읽히지 않았던 것은 한마디로 말하면 PR 부족인 거야. 초기의 논문은 러시아어로 적혀 있었는데, 이것이 첫째의 원인이다. 이것으로는 외국에 통용되지 않고 게다가 그 무렵은 로바체프스키의 논문을 이해할 자국인도 없었기 때문이거든. 그는 그것을 알아차린 것이겠지. 다음에 클레레의 수학잡지라는, 아벨의 논문 등이 게재된 일류잡지에 프랑스어로 논문을 투고한 것인데 이것이 또 실패였지. 아마 그는 클레레지의 독자층이 러시아와는 달라 무엇이든 아는 우수한 학자들 투성이라고 지나치게 과대평가한 것은 아닐까. 내용이 매우 딱딱해서 그림도 제대로 없는, 기하의 논문이라고는 생각되지 않는 아주 첫인상이 나쁜 논문이었지. 널리 읽힌 잡지니까 조금 더 알기 쉽게 풀어서 썼으면 좋았을 텐데 말이다. 게다가 둘째, 표제가 나쁘다. 영역을 하면 Imaginary Geometry라 하여 이것으로는 상상적인 기하인지, 허(虛)의 기하인지 알 수 없고 평행선 문제에 관계되고 있다고는 아무도 생각하지 않는다.

A군 허라는 것은 허수의 허입니까?

필자 아, 그 허와 상상적인 것이 섞여 있는 것 같아. 이것으로는 무엇을 쓴 논문인지 알 수가 없지. 그 증거로는 그 뒤에 독일어로 쓴 것은 정확히 『평행선 이론의 기하학적 연구」라고 읊었으니까. 이것에는 곧 눈독을 들인 사람이 나타났지.

A군 가우스겠지요.

필자 요행을 노렸구만. 그대로야. 가우스는 신간소개를 보고 당장 주문해서 읽어보고 놀랐다. 전적으로 순수하게 수학적 정신을 따른 명인의 걸작이었기 때문이야. 완전히 감격한 가우스는 로바체프스키를 당장 괴팅겐학회의 통신회원으로 추천하였다.

A군 통신회원이란 무엇입니까?

필자 우수한 학자에게 수여하는 영예로써, 논문을 자유로이 기고할 수 있다는 것이다.

A군 그러면 로바체프스키는 자기의 업적이 인정되었다는 것을 알게 된 셈이 아닙니까?

필자 그런데 말이지, 가우스는 로바체프스키가 말하는 허의 기하의 연구를 인정했다고는 한마디도 말하지 않았거든. 그래서 로바체프스키로서는 죽을 때까지 자기의 기하는 아직 누구에게도 이해되지 않았다고 생각하였다.

수수께끼 풀기

필자 그런데 로바체프스키가 전혀 모르는 충격적인 사건이 일어나고 있었다.

A군 볼리아이 이야기 때, 무언가 말씀하셨지요.

필자 잘 기억하고 있었네. 그것은 W. 볼리아이가 가우스를 통

해서 『평행선 이론의 기하학적 연구』를 알고 그 경로로
젊은 볼리아이가 이 논문을 알았다는 것이다. 1848년 10
월 17일에 젊은 볼리아이가 아버지로부터 이 논문을 받았
을 때의 볼리아이의 놀라움은 강렬하였고, 이 충격을 극복
하려고 열병에 걸린 것처럼 앞에서 말한 그의 대저술에
전력투구하였는데 마침내 심신이 완전히 지쳐서 진짜 중
병이 들어 드디어 집필생활을 그만두지 않을 수가 없었다.
병이 차도가 있자 이번에는 로바체프스키의 논문의 비판
을 쓰기 시작하였는데 예의 평행선각 $\tan\dfrac{\theta(x)}{2}=e^{-\frac{x}{k}}$ 를 구
하는 대목에 와서는 그렇게 자신만만하던 그도 로바체프
스키의 천재성을 칭찬하지 않을 수 없었다.

A군 로바체프스키는 볼리아이에 대한 것을 전혀 몰랐었던 것
이군요.

필자 아버지 볼리아이의 『시론』이 거의 전혀 알려져 있지 않
았기 때문이지. 로바체프스키가 볼리아이의 논문을 몰랐던
것은 그가 죽기 1년 전에 자기의 기하를 『범기하학(汎製伺
學)』이라는 이름으로 고쳐서 출판했을 때에도 그 속에 볼
리아이의 이름은 들어가 있지 않았다는 것으로부터도 알
수 있다.

  결국 가우스를 중심으로 하는 약간의 사람과 로바체프스
키, 볼리아이 부자의 사이에서만 비유클리드 기하가 존재
하는 기묘한 상태에 놓여졌던 것인데 로바체프스키와 젊은
볼리아이 두 사람의 논문을 정말 아는 것은 가우스뿐이었

고, 그 가우스가 비유클리드 기하의 공표를 회피하여 두
사람의 논문을 추천하는 것조차 하지 않은 것이니까 어쩔
수 없는 것이네.

A군 그러면 가우스가 공표를 회피한 진짜 이유는 무엇이었습
니까?

필자 가우스는 다른 사람에게 조금이라도 결함을 지적당할 우
려가 있는 논문은 결코 발표하려 하지 않았다고 하는 것
은 앞에서도 말한대로이다. 그러면 비유클리드 기하의 발
표를 망설였던 것은 이 연구에 대해서 얼마간의 염려가
있었다고 보는 수밖에는 없겠지. 그러면 이 염려는 무엇이
었던가?

사실 이것은 누구도 참된 것은 알 수 없다고 생각하지
만, 자네가 모처럼 질문하였으니 나의 억측만을 이야기해
두자.

A군 그것은 선생님의 비밀입니까?

필자 비판 없이 믿어 버려도 곤란하지만 이러한 설도 있다고
하는 정도일까? 그러면 시작하자.

첫째, "평행선 공리를 부정해도 모순이 없는 기하를 만들 수
있다.

위의 것을 사람들에게 설득할 만큼의 충분한 근거를 가
우스는 아직 갖추지 못하고 있었던 것은 아닌가.

앞에서 생각한 〈그림 2-34〉와 같은 비유클리드 기하의
모델은 훨씬 뒤에 클라인이 만들고부터 가까스로 사람들

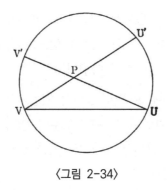

〈그림 2-34〉

이 안심하고 이 기하의 존재를 인정하게 되었다. 그러나 가우스는 아직 '모델'의 사고를 갖고 있지 않았다는 것,

둘째, "모순이 없다는 것은 어떠한 것인가."

　이것을 속된 사람에게 추궁 당했을 때 대가우스로서는 어떻게 대답할 수 있는지 이것도 큰 문제야. '모델'을 만든다 해도 유클리드 기하에 모순이 없다는 것이 전제이고, 유클리드 기하에 모순이 없다는 것을 말하려면 실수에 모순이 없다는 것, 또는 더 소급해서 정수에 모순이 없다는 것을 인정하지 않으면 안 된다.

A군　정수에 모순이 없다는 것은 가우스도 모르고 있었던 거군요.

필자　모순이 없다는 것을 어떻게 해서 보이는가라는 수학기초론에 당도해 버린다. 이렇게 되면 이미 보통의 수학 수준을 넘어서는 것이 돼버리지. 이것은 큰 문제이고 가우스도 여기까지 거슬러 올라가게 되면 역시 손을 댈 수 없었을 것으로 생각하네.

A군 정수에 모순이 없다는 것을 모르고 어떻게 가우스는 『정수론』을 발표한 것입니까? 속인으로부터 질문을 받았을 때 어려움을 겪는 것이 아닙니까?

필자 아닐세, 정수에 모순이 있는지 없는지는 누구도 지금까지 문제로 삼지 않았고 누구도 모순이 없다는 것을 당연하다 생각하고 연구하거나 논문을 제출하고 있었던 것이니까 그것은 상관없다.

A군 그러면 비유클리드 기하도 정수에 모순이 없다면 별로 문제가 일어나지 않는다는 것과 다릅니까?

필자 아니야, 비유클리드 기하는 이상한 것이라는 선입관이 있기 때문에 그 이상한 근본을 차례차례로 의심하기 시작한다. 그러면 마지막 귀착점은 정수라도 이상한 것이 아닌가 여기게 된다. 즉 정수에 모순이 있는지 없는지의 큰 문제가 지금까지는 일어나지 않았지만 비유클리드 기하를 계기로 하여 다시 일어난다는 것이지. 잠을 자고 있는 아이를 깨우는 것처럼 말일세. 그것이 두려웠던 것은 아니었을까? 아니 정수까지가 아니더라도 그 무렵은 실수가 아직 이상스러웠으니 말일세.

A군 결국 가우스는 수학의 기초를 알 수 없었기 때문에 그에 입각한 비유클리드 기하에 대한 것도 함부로 입 밖에 낼 수 없었다는 말씀이십니까?

필자 함부로 발표하면 대가우스의 권위에 관계될지도 모르기 때문에 말이야.

A군 그러나 볼리아이나 로바체프스키의 논문을 추천하는 정도
는 가능했던 것이 아닙니까?

필자 대가우스가 추천한다고 하는 것은 가우스가 논문의 옳고
그름에 대해서 모든 책임을 지는 것이니까 이것은 지금까
지 생각해 온 것으로부터 알 수 있는 것처럼 도저히 가능
할 리가 없다.

A군 알았습니다. 결국 볼리아이도 로바체프스키도 대가우스의
언걸을 입은 것이 불운이었다.

필자 로바체프스키는 차라리 낫다. 자기와 마찬가지 기하를 다
른 사람도 발견하고 있었던 것은 전혀 모르고, 단지 자기
의 작업이 그 동안에 사람들에게 알려질 때가 오는 것을
믿고 있으면 되었다. 그러나 볼리아이는 아버지로부터 하
느님처럼 가르침을 받아 자기 자신도 동경하고 있던 가우
스에게 혹독하게 배신당하였으니 말이야. 이러한 것 때문
에 아버지에게도 원망이 갔고 구제할 방법이 없이 비참하
였다.

A군 그러면 비유클리드 기하는 언제쯤 알려지게 됐는지 이야
기해 주십시오.

9. 비유클리드 기하의 보급

필자 1855년 2월 23일에 가우스가 78세로 세상을 떠나고 잠
시 지나서 전집이 슬슬 나오기 시작했다. 그 속에는 친한

사람들과의 편지왕래, 귀중한 일기나 기록 등이 있어 가우스는 비유클리드 기하라는 것을 알고 있었으나 귀찮은 세평을 싫어해서 발표하지 않았다는 것, 로바체프스키와 볼리아이가 발표한 논문을 가우스가 읽고 있었으므로 친구에게는 이 두 사람의 재능을 높이 평가하고 있었다는 것 등이 계속해서 밝혀졌다.

그때까지는 묘한 기하가 있는 것 같다는 소문이 어느 사이에 떠돌고 있었는데, 비유클리드 기하라는 것이 존재한다는 가우스의 한마디는 즉각 유럽 안에 떠들썩하게 선전되어 1867년에는 로바체프스키의 독일어 논문이 프랑스어로 번역되고 다음으로 1868년에는 볼리아이의 『시론』 부록에 있는 논문이 프랑스어로 번역되었다. 그런데 이것과 거의 동시에 전혀 별개의 수학자가 더 한 단계 차원이 높은 비유클리드 기하를 생각하고 있다는 것을 알았다.

리만의 출현

A군 비유클리드 기하가 그밖에도 또 있는 것입니까?

필자 젊어서 죽은 리만(1826~1866)이 그 사람이다. 리만은 목사의 아들로 병약하고 얌전한 탓인지 사람들이 좋아했고, 천부적 재능도 인정받아 짧지만 결실이 많은 행복한 일생을 보냈다.

괴팅겐대학을 졸업했지만 그 전에 베를린대학에서 야코비(1804~1851), 딜리크레(1805~1859), 슈타이너(1796~1863) 등의 일류 강의를 듣고 새로운 수학의 분위기를 배웠다. 괴팅

리만

겐에 되돌아와서 취득한 학위 논문인 「복소함수론의 기초」는 가우스를 경탄시켰지만 물리학자인 베버의 조수로 근무하면서 순수수학 이외에 이론물리학에도 주력했다. 대학의 취직 강연은 77세의 가우스 면전에서 행한 것으로 훗날 유명해진 「기하학의 기초에 있는 어떤 가정에 대해서」(1854)이었다. 이때 리만은 눈앞에 있는 가우스가 이미 비유클리드 기하를 만들고 있었던 것은 꿈에도 모르고 기하학의 기초에 대해서 다음과 같이 논하였다.

기하학은 유클리드에서 르장드르에 이르기까지 기초가 분명하지 않은데, 이것은 n차원 공간을 생각하지 않기 때문이다. 곡면 대신에 n차의 확대를 갖는 다양체를 생각하고 그 안에서 가우스 선생이 곡면론에서 행한 것과 마찬가지로 하여 일반의 곡률을 생각한다. 그러면 예컨대 일정 곡률의 공간이라면 도형을 길이를 바꾸지 않고 이동시킬 수 있다. 그래서 곡률이 0이라면 우리들의 공간과 마찬가지의 기하가 만들어지는데 곡률이 양의 정해진 값을 취하면 공간은 꼭 구면처럼, 직선은 얼마든지 연장할 수 있지만 무한으로는 전개되지 않으므로 유계(有界)이고 원래로 되돌아오는 일이 있다. 일반적으로 각 점에서 곡률이 상이한 공간도 물론 생각할 수 있으나 어느 가정이 물리현상을 설명하는 데 적당한지는 관측에 의해서 결정하게 될 것이다.

리만의 기하는 이와 같이 우주의 해명과 결부시킨 차원도

3차원에 머무르지 않는 장대한 것이었다(〈보강 9〉 참조).

A군 리만의 기하는 비유클리드 기하를 초월한 울트라 유클리드 기하이군요.

필자 교묘하게 말하는군. 가우스는 이 강연을 듣고 평소와는 달리 감격한 모습이었다고 하는데, 평행선을 한 개 그을 수 있다든가 두 개 그을 수 있다든가 하는 것은 작은 문제가 돼버린다.

A군 리만의 강연은 바로 외부에 반향(反響)이 있었습니까?

필자 그것은 일반 강연이었기 때문에 당시는 별도로 인쇄되지도 않고 리만이 죽은 지 2년 후인 1868년에 데데킨트의 편집으로 괴팅겐의 학회에서 처음으로 출판되어 센세이션을 불러일으켰다.

A군 리만은 그 무렵은 이미 유명하였기 때문이군요.

필자 함수론, 아벨함수론, 정수론 등 손을 댄 것은 전부 새로운 길을 보여준 것이었지만 기하학에까지 새로운 방면을 열었다는 것은 놀라운 일이었다.

클라인과 모델

A군 결국 비유클리드 기하가 1868년에 전부 갖추어져서 겨우 세상에 인정받게 된 것이군요.

필자 아니다. 로바체프스키의 논문도 이해하기 어려운 부분이 있고, 리만의 강연은 암시적이어서 단순히 읽는 것만으로는 그 분야의 사람 이외에는 구름을 잡는 것 같아 그렇게 쉽사리 세상 사람에게 이해되는 것은 아니다. 비유클리드 기하가 모순 없이 존재한다는 것은 도대체 어떠한 것을 가리키는지, 이것을 구체적으로 눈에 보이는 것처럼 알게 된 것은 클라인이 기하의 모델을 만들어서 열렬히 선전

클라인

해 주고 난 다음의 일이다. 그것도 처음에는 몹시 저항이 있었다고 클라인 자신이 술회하고 있다.

클라인(1849~1925)은 독일의 뒤셀도르프에서 태어났고, 처음에는 물리학자가 될 작정으로 본대학을 갓 졸업했을 때는 보류커(1801~1868)라는 원래는 수학자이지만 그 무렵은 물리학교수였던 사람 밑에서 물리실험의 조수로 근무하고 있었다. 이 선생이 죽고 나서 괴팅겐대학으로 옮겼는데 이 대학 수학교실의 분위기가 매우 연구적이었기 때문에 클라인은 완전히 그 매력에 사로잡혀 마침내 물리에서 떠나 수학자가 되는 수업을 쌓았다. 그로부터 한때 베를린, 파리의 원정을 시도하고 다시금 옛 직장인 괴팅겐으로 되돌아왔으나 그 도중에 리(1842~1899)라는 노르웨이 사람과 알게 되었다. 두 사람 모두 기하를 좋아했기 때문에 의기투합하여 열심히 연구에 힘써 그 결과로 결국 클라인은 에를랑겐대학 교수로 초빙되고 리도 오슬로대학 교수로 초빙되었다. 리는 뒤에 리군(Lie Group)이라 부르는 연속군의 연구로 유명해졌다.

그런데 클라인은 마침 베를린에 있던 무렵 슈틀츠(1842~1901)라는 친구로부터 방금 소문이 나기 시작한 비유클리

드 기하의 이야기를 들었는데 클라인은 굉장히 육감이 빠른 사람이거든. 바로 그 순간 이것은 아무리 해도 전에 서몬(1819~1914)의 원뿔곡선론에서 읽은 기억이 있는 켈리(1821~1895)의 사영적 계량이라는 것과 관계가 있을 것 같다고 직감하였다는 것이다.

A군 실제 관계가 있을 것처럼도 보이지 않았던 것입니까?

필자 그래. 재미있는 것은 말이지, 클라인은 마침 그때 그 유명한 바이에르슈트라스(1815~1897)의 세미나에 출석하고 있었기 때문에 이 이야기를 꺼냈다는 것이다. 그랬더니 선생이 일언지하에 "그러한 관계가 있을 턱이 없다."라고 일갈하고 부정해 버렸다. 이 대선생의 한마디를 무서워해서 당분간은 그 생각을 철회했다고 한다. 그런데 괴팅겐으로 되돌아간 무렵에는 다시 기운을 차려서 마침내 원 속에 눈에 보이는 것 같은 '비유클리드의 클라인의 모델'을 만들어냈다(〈그림 2-35〉 참조).

A군 이것은 앞에서 만든 그림과 같군요.

필자 그렇단다. 그것은 클라인의 모델을 빌려 온 것이다. 단지 다른 것은 원 속에서 도형을 움직여 보인 것이라네(〈그림 2-36〉 참조). 직선을 직선 그대로 움직이는 '사영변환(射影變換)'이라는 변환이다. 이것이 원 속에서의 '합동변환'이라는 것이다. 그래서 원 속에 기하가 만들어져 있는 것이 눈에 보이는 것처럼 알 수 있다. 평행선을 두 개 그을 수 있는 비유클리드 기하가 눈앞에 보이는 것이므로 이 기하의 존재는 의심할 여지가 없다.

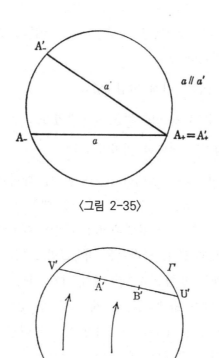

〈그림 2-35〉

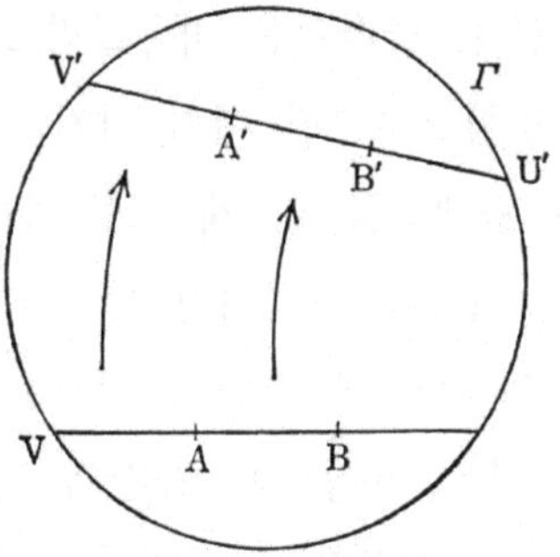

〈그림 2-36〉

A군   모순이 있다느니 없다느니 하는 논의는 날아가 버리는군요.

필자   기하는 도형을 움직이는 방법에 따라서 결정된다고 하는
      것이 비유클리드의 모델을 만들 때에 얻어진 클라인의 아
      이디어이다.

A군   이 기하의 정의가 클라인의 에를랑겐 프로그램이군요.

필자   자네 잘 알고 있지 않은가. 클라인은 '기하학이란 이러한

수학이다'라는 커다란 구상을 들고 에를랑겐대학에 뛰어
들어간 것이다.

A군 그때 클라인은 아직 이십대였죠?

필자 23세의 의기 왕성한 젊은 수학자였다.

A군 프로그램이란 어떠한 의미입니까?

필자 클라인이 에를랑겐대학에 취임할 때 대학에 연구계획으
로 제출한 『최근의 기하학 연구에 대한 비교고찰』이라는
논문이 그 후 크게 유명해졌기 때문에 에를랑겐 프로그램
이라 불리게 됐다. 클라인은 비유클리드 기하의 모델을 만
들었을 때의 경험으로부터 여러 가지 기하의 차이라고 하
는 것은 단지 평행선을 한 개 그을 수 있다든가 그을 수
없다든가 하는 개개의 도형적인 차이가 아니고, 더 일반적
으로 기하를 생각할 때 당연히 나오는 평행이동이라든가
회전이라든가 하는 운동, 즉 공간의 변화군 만이 기하의
차이를 결정하는 '결정적 방법'이라는 것을 간파해서 그것
을 에를랑겐 프로그램으로 정리한 것이다.

A군 클라인은 비유클리드 기하의 모델을 만든 것만으로 끝난
것은 아니었던 것이군요.

필자 새로운 기하를 낳는 계기를 만든 공적도 크지만 모델을
만든다는 사고도 별개의 큰 의미를 갖고 있다. 힐베르트
등도 기하학기초론에서는 선배인 클라인의 지혜를 따라서
열심히 모델을 만들고는 공리의 독립성 등을 증명하고 있
다. 클라인도 만년에 자랑하고 있었지.

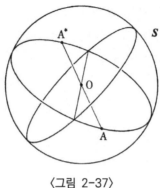

〈그림 2-37〉

A군   무언가 회고담이라도 있습니까?

필자   클라인에 『19세기 수학 발전사』라는 강의가 있는데, 자기도 역사 속의 한 인물로서 활동하고 있는 것이 생생하여 재미있다.

A군   리만의 기하는 어떻습니까?

필자   구면상에서 큰 원을 직선이라고 생각하는 구면 기하도 리만의 사고로 나가면 역시 기하임에는 틀림없으나, 만일 구면상에서 중심 O에 대해서 대칭적인 두 점(대심점) A, A*를 언제든지 '한 점'으로 간주해 버리면 큰 원은 반드시 두 개의 대심점, 즉 '한 점'에서 교차하므로 큰 원을 '직선'이라 생각하면 '평행선'은 존재하지 않는다. 그러나 두 개의 '점'을 지나는 '직선'은 꼭 한 개밖에 없으므로 이를테면 보통의 직선 비슷하다고 해도 될 것이다. 이러한 기하를 리만형 비유클리드 기하라 하는데 클라인은 이것을 타원 기하라 이름 붙이고 가우스형의 비유클리드 기하를 쌍곡선 기하라 이름 붙였다.

비유클리드 기하의 역사는 이정도로 하고 다음은 기하
모델에 대해서 생각하자.

3부
비유클리드 기하의 모델

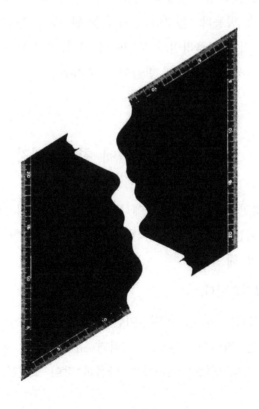

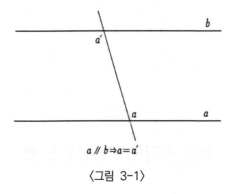

$$a \mathbin{/\!/} b \Rightarrow a = a'$$

〈그림 3-1〉

필자 보통의 평면상에서 비유클리드 기하를 만드는 것은 매우 알기 힘들다. 클라인은 그것을 원 속에 만들어 보인 것으로 이것을 클라인의 모델이라 한다. 여기서는 그것을 조금 바꿔서 반구면상에 만들어서 보여주겠다.

1. 먼저 구면에 친숙해지자

필자 북반구, 즉 반구면상에 비유클리드 기하의 모델을 만들어 보이는 것인데 초등 기하의 복습부터 시작하자. 증명은 자네가 해 주게.

A군 알겠습니다.

필자 그러면 먼저, 평행선이란 같은 평면상에 있고 공통점이 없는 직선을 말한다. 그러면 유클리드의 평행선 공리는 a//b로 평행을 나타내면 다음과 같이 표현할 수 있다.

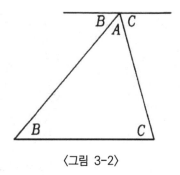

〈그림 3-2〉

평행선 공리   a//b라면 a, b를 직선 c로 잘랐을 때 엇각 a, a′은 같다 a=a′(〈그림 3-1〉 참조).

이것은 굉장히 편리한 공리이고, 비유클리드 기하는 이 공리가 없기 때문에 어려워지는 것이다. 평행선의 공리로부터 바로 다음의 정리가 나온다.

내각정리   △ABC의 내각의 합 A+B+C는 2직각이다.

A군   증명은 〈그림 3-2〉와 같습니다.

필자   다음은 한 발짝 뛰어서

내접사각형정리   원에 내접하는 사각형의 대각(對角)의 합은 2직각이다(대각은 서로 보각이라고도 한다).

A군   글쎄요…….

필자   중심 O와 꼭짓점을 연결해 보게. 나머지는 그림으로부터 짐작이 가겠지(〈그림 3-3〉의 A 참조).
　　　　O가 □ABCD의 밖으로 나올 때도 그림을 정확히 그리면

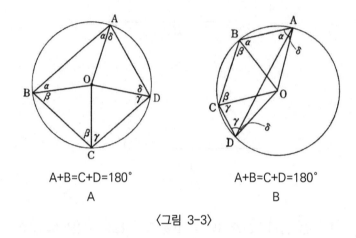

A+B=C+D=180°
A

A+B=C+D=180°
B

〈그림 3-3〉

알 수 있지(〈그림 3-3〉의 B 참조).

이것을 사용하면 다음의 중요한 정리를 증명할 수 있다.

원주각정리 하나의 호 $\overline{AB}$ 상에 서는 원주각 ∠D는 일정하다
(〈그림 3-4〉 참조).

A군 왜냐하면 ∠D도 ∠D′도 ∠C의 보각으로 같다.

필자 또 하나 원에서 중요한 정리는 비례에 관한 정리인데
〈그림 3-5〉에서 점 P로부터 원에 할선 PXX′, PYY′을
그으면

할선정리 PX·PX′=PY·PY′

A군 (증명) 내접사각형정리로부터 〈그림 3-5〉에서 $\alpha=\beta'$, $\beta=\alpha'$이므로

(1) △PXY ≃ △PY′X′ (닮은꼴)

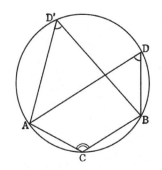

〈그림 3-4〉

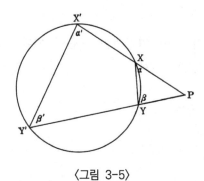

〈그림 3-5〉

$$\therefore \ PX : PY = PY' : PX'$$

$$\therefore \ PX \cdot PX' = PY \cdot PY'$$

필자 (1)의 닮은꼴 △으로부터 또 하나

 (2) $XY : X'Y' = PX : PY'$

이라는 비례식이 나오겠지?

A군   바로 나오지만 못보던 식이군요.

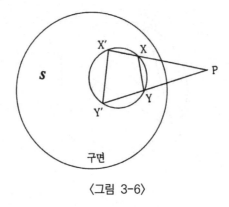

〈그림 3-6〉

필자 그런데 이 식이 여기서는 도움이 된다. 사용할 때의 편
의상 ⑵를 고쳐 써서

(3) $XY = X'Y' \cdot \dfrac{PX}{PY'}$

라 해두자.

⑶의 식은 P에서 구면에의 할선일 때에도 마찬가지이지
만 할선을 포함하는 평면으로 구면을 자르면 평면일 때의
그림이 되는 것으로부터 알 수 있거든(〈그림 3-6〉 참조)(XY
는 선분 XY의 길이, 기타도 마찬가지이다).

그래서 지금 P에서 구면 S에 네 개의 할선 PAB, ……를
그어 보면 마찬가지 식이 늘어서서 번거로운데

할선 PAA′, PCC′에서 $AC = A'C' \cdot \dfrac{PA}{PC'}$

할선 PBB′, PCC′에서 $BC = B'C' \cdot \dfrac{BB'}{PC'}$

}

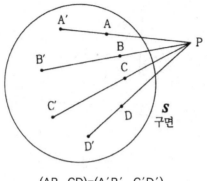

$$(AB, CD)=(A'B', C'D')$$
⟨그림 3-7⟩

$$\therefore \frac{AC}{BC} = \frac{A'C'}{B'C'} \cdot \frac{PA}{PB}(*)$$

마찬가지로

할선 PAA′, PDD′에서 $AD=A'D' \cdot \dfrac{PA}{PD'}$

할선 PBB′, PDD′에서 $BD=B'D' \cdot \dfrac{PB}{PD'}$ }

$$\therefore \frac{AD}{BD} = \frac{A'D'}{B'D'} \cdot \frac{PA}{PB}(**)$$

$(*)$, $(**)$에서

$$\frac{AC}{BC} \cdot \frac{BD}{AD} = \frac{A'C'}{B'C'} \cdot \frac{B'D'}{A'D'}(**)$$

이 식의 좌변은 $\dfrac{AC}{BC}$, 즉 AC:BC라는 비를 $\dfrac{AD}{BD}$, 즉

140

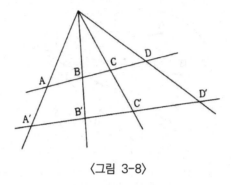

〈그림 3-8〉

AD:BD라는 비로 나눈 것으로 되어 있으므로 비의 비, 즉 복비(複比)라 한다.

A군 한 점에서 나오는 네 개의 직선 a, b, c, d를 두 개의 직선으로 잘랐을 때의 교점을 〈그림 3-8〉처럼 A, B, C, D, A′, B′, C′, D′이라 하면

$$\frac{AC}{BC} \cdot \frac{BD}{AD} = \frac{A'C'}{B'C'} \cdot \frac{B'D'}{A'D'}$$

이 된다는 정리가 기하에는 있지요. 파포스(Pappos)의 정리라 하던가요.

필자 그것과 마찬가지 관계가 한 점 P에서 구면에 그은 네 개의 직선에 대해서도 성립한다는 것이 재미있을 거야. 복비는 사영 기하에서는 매우 중요한 양(量)이므로 보통은 알기 쉽도록

$$\frac{AC}{BC} \cdot \frac{BD}{AD} = (AB, CD)$$

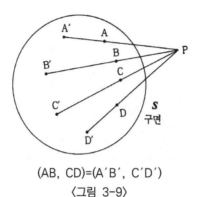

$$(AB, CD)=(A'B', C'D')$$
〈그림 3-9〉

라 기호로 적으므로 그것을 빌렸다. 너무 낯선 서식(書式)은 외우는 데 시간이 걸리니까 이제부터는 어떻게 할까? 분수식 그대로 적어 둘까?

A군 식이 나올 때마다 분수식과 기호 양쪽을 적어 놓으시지요.

필자 그것이 좋겠군. 그래서 위의 관계는 여기서도 매우 중요하므로 정리의 형태로 언급해 두자.

   구면상의 사영정리 점 P에서 구면에 네 개의 할선 PAA', PBB', PCC', PDD'을 그으면

$$\frac{AC}{BC} \cdot \frac{BD}{AD} = \frac{A'C'}{B'C'} \cdot \frac{B'D'}{A'D'} \qquad \text{기호로 적으면}$$

$(AB, CD)=(A'B', C'D')$이다(〈그림 3-9〉 참조).

이것을 다음과 같이 점잔빼는 표현을 한다.

   복비의 불변성정리 구면 S상의 임의의 네 점의 복비는 구면상에 없는 점 P로부터의 사영에 의해 바뀌지 않는다.

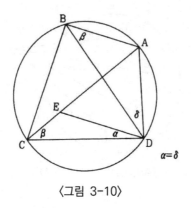

〈그림 3-10〉

여기서 사영이라는 것은 주어진 점 P를 구면 S상의 동점 (動點) X와 연결하여 직선 PX와 S와의 교점 X′을 X에 대응시키는 것을 말한다. 약간 어려운가?

그러면 또 원으로 되돌아가는데, 자네는 트레미의 정리라는 것을 알고 있는가.

A군 원에 내접하는 사변형 ABCD의 맞변의 곱의 합 AB·CD+AD·BC는 대각선의 곱 AC·BD와 같다는 것이지요 (〈그림 3-10〉 참조) :

    AB·CD + AD·BC = AC·BD

필자 증명은?

A군 잠시 기다려 주십시오. 무엇이든 대각선의 곱을 두 개의 곱의 합으로 나누는 것 같은 것을 하는 것이니까 대각선 상에 적당히 점 E를 잡아서…… 그렇습니다, 그림에서 α 가 원주각 δ와 같도록 E를 잡으면 β끼리는 원주각으로서

같으므로

(4) $\triangle ABD \simeq \triangle ECD$(닮음)

$\therefore$ AB:BD = EC:CD

$\therefore$ AB·CD = BD·EC (*)

(4)로부터는 또

AD:BD = ED:CD

$\therefore$ AD·ED = BD·CD

그런데 $\angle ADE = \angle BDC$이므로

$\triangle ADE \simeq \triangle BDC$(닮음)가 되어

AD:AE = BD:BC

$\therefore$ AD·BC = BD·AE (*)

(*)끼리를 더하면

AB·CD+AD·BC=BD(EC+AE)=BD·AC=AC·BD (증명 끝)

필자 이제부터 이 정리의 역(逆)이 필요한데 증명할 수 있을까.

A군 배리법(背理法)으로 하는 겁니까? 글쎄요……

필자 배리법은 배리법이지만 자네의 지금의 증명을 조금 바꾸면 의외로 말끔하게 될 거야. 하지만 평소에 그다지 수학과 접촉하지 않은 사람에게는 귀찮을 것이니까 역의 방향의 증명은 뒤의 보강(〈보강 2〉 참조)에서 하기로 하고, 여기서는 트레미의 정리와 그 역을 인정하기로 하고 일단

정리하여 보면

"일직선상에 없는 네 점 A, B, C, D가 이 순서로 하나의 원 둘레 위에 늘어서기 위한 필요충분조건은

$$AB \cdot CD + AD \cdot BC = AC \cdot BD$$

가 성립하는 것이다."

가 된다. 그런데 이 식은 말이지, AC·BD로 나눠서 복비의 형태로 변형시켜 두면 매우 편리하다. 이것은 간단하니까 해보도록 하자. 먼저 AC·BD로 나누면

$$\frac{AB \cdot CD}{AC \cdot BD} + \frac{AD \cdot BC}{AC \cdot BD} = 1$$

복비의 형태로 하기 위해 조금 고쳐 써서

$$\frac{AB}{DB} \cdot \frac{DC}{AC} + \frac{AD}{BD} \cdot \frac{BC}{AC} = 1$$

이것으로도 괜찮지만 항의 순서를 바꾸면

$$(\text{i}) \quad \frac{AD}{BD} \cdot \frac{BC}{AC} + \frac{AB}{DB} \cdot \frac{DC}{AC} = 1$$

위 식을 복비의 기호로 적으면

$$(\text{ii}) \quad (AB, DC) + (AD, BC) = 1$$

그러면

트레미의 정리와 그 역 일직선상에 없는 네 점 ABCD가 이 순서로 원둘레 위에 늘어서기 위한 필요충분조건은 (i),

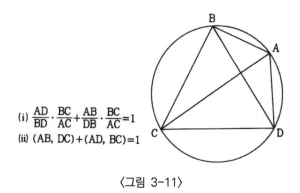

(i) $\dfrac{AD}{BD} \cdot \dfrac{BC}{AC} + \dfrac{AB}{DB} \cdot \dfrac{BC}{AC} = 1$

(ii) $(AB,\ DC) + (AD,\ BC) = 1$

⟨그림 3-11⟩

즉 복비의 기호로 적어서 (ii)가 성립하는 것이다(⟨그림 3-11⟩ 참조).

A군 약간 어려워졌는데요.

필자 그저 이 정도면 참아주게. 이 정리로부터 바로 다음의 훌륭한 정리가 나오니까 말일세.

원 대응의 정리 구면 S상의 동점 X를 S상에 없는 주어진 점 P에서 S상에 사영한 점을 X′이라 한다. 이때 X가 S상에서 원 k를 그리면 X′도 원 k′을 그린다.

바꿔 말하면 S상의 원 k를 점 P로부터 사영한 것은 또 원 k′이다(⟨그림 3-12⟩ 참조).

A군 재미있는 정리군요. 그러나 말씀을 듣고 보니까 그러한 기분도 듭니다.

필자 증명은 여러 가지 있지만 자네는 이해가 빠르니까 지금까지의 준비로 대충 짐작이 갈 것이다. 증명을 해 보겠나?

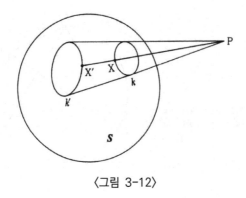

〈그림 3-12〉

A군 (입속말로) (k′이 원이라는 것을 말하려면 트레미의 정리를 사용한다. 이 정리에는 복비가 나타난다. 복비는 사영으로 바뀌지 않는다)……네, 알 것 같습니다. 먼저 원 k상에 네 점 A, B, C, D를 이 순서로 잡으면 트레미의 정리의 뒤의 형태로(〈그림 3-13〉 참조)

$$\frac{AD}{BD} \cdot \frac{BC}{AC} + \frac{AB}{DB} \cdot \frac{DC}{AC} = 1$$

즉, (AB, DC) + (AD, BC) = 1

이 됩니다. A, B, C, D에 대응하는 점을 A′, B′, C′, D′이라 하면 복비의 불변성정리에 의해서

$$\frac{AD}{BD} \cdot \frac{BC}{AC} = \frac{A'D'}{B'D'} \cdot \frac{B'C'}{A'C'},$$

$$\frac{AB}{DB} \cdot \frac{CD}{AC} = \frac{A'B'}{D'B'} \cdot \frac{D'C'}{A'C'}$$

$$\therefore \frac{A'D'}{B'D'} \cdot \frac{B'C'}{A'C'} + \frac{A'B'}{D'B'} \cdot \frac{D'C'}{A'C'} = 1$$

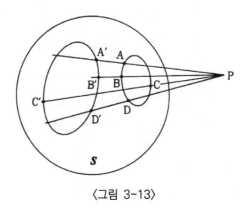

〈그림 3-13〉

즉, $(A'B', D'C') + (A'D', B'C') = 1$

그러면 트레미의 역에 의해서 A′, B′, C′, D′도 동일 원둘레 위에 있습니다. (증명 끝)

필자 즉 A, B, C를 k상에 고정시켜서 D만을 움직이면 D′도 A′, B′, C′을 지나는 원을 그리게 되니까 말이지.

A군 그렇다면 구면상의 원을 직선으로 보고 기하를 만들려고 하는 것이군요.

필자 짐작한 대로야. 구면상의 원을 전부 직선으로 보아서는 안 되지만 말이야. 그래서 기하를 만드는 데 또 하나 중요한 것은 원끼리 교차했을 때에 생기는 각에 대한 것인데 보통 곡선 a, b가 이루는 각이라는 것은 교점 A에서 a, b에 그은 접선이 이루는 각을 말한다(〈그림 3-14〉 참조).

증명해 두고자 하는 것은 구면상에서 곡선 a, b가 이루는 각은 점 P로부터의 사영으로 바뀌지 않는다는 것인데, 중요한 성질이므로 정리로 만들어 두자. 이것은 가장 간단

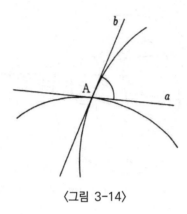

〈그림 3-14〉

한 경우에 확인해 두는 편이 좋다.

　교각(交角) 불변의 정리 두 개의 곡선이 구면상에서 교차하여 만드는 각은 사영에 의해서 바뀌지 않는다

(〈그림 3-15〉 참조).

　지금 P로부터의 사영으로 A가 A′에 옮겨진다고 하여 A, A′을 지나는 두 개의 원 α, β를 그려 본다(〈그림 3-16〉 참조). 그렇게 하면 우선 α는 PAA′을 지나는 어떤 평면과 구면의 교차이므로 P로부터의 사영으로 α는 α 자체에 옮겨져 버린다. 마찬가지로 P로부터의 사영으로 β는 β 자체에 옮겨진다. 그래서 α, β가 교점 A의 부분에서 만드는 각 θ는 A′의 부분에서 만드는 각 θ′으로 옮겨지는 것인데 α, β는 원이기 때문에 이 두 개의 각 θ, θ′이 같다. 여기까지는 괜찮겠지.

A군　α, β는 원이므로 대칭관계로 알 수 있습니다.

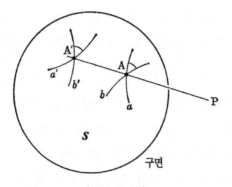

〈그림 3-15〉

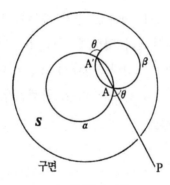

〈그림 3-16〉

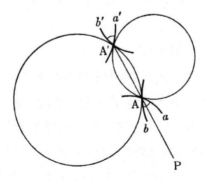

〈그림 3-17〉

필자 다음은 일반적으로 곡선 a, b가 A에서 교차하고 있을 때의 증명인데 조금 번거로우므로 보강으로 해도 괜찮다.

A군 일단 증명해 보십시오.

필자 일반적으로 곡선 a, b가 A에서 교차하고 있는 경우는 〈그림 3-17〉을 보면 대충 알 수 있지만 A, A′을 지나서 A의 부분에서는 a에 접하는 원 α를 그리고 또 하나 마찬가지로 A, A′을 지나서 A에서는 b와 접하는 원 β를 그리면 P로부터의 사영으로 α는 α로 옮겨지고 β는 β로 옮겨지나 곡선 a는 α에 접하고 있기 때문에 사영한 결과 a′은 A′의 부분에서 α와 접하게 된다. b′도 마찬가지로 A′의 부분에서 β에 접한다. 그래서 a′, b′이 이루는 각은 a, b가 이루는 각과 같은 것이다. 알겠는가?

A군 네, 그럭저럭이요.

2. 모델을 반구면상에 만든다

평면 S₊와 점과 직선 (UV)

필자 그러면 이제 모델의 제작에 들어가자.

먼저 구면 S와 S의 중심 O를 지나는 평면 π를 정해 둔다(〈그림 3-18〉 참조). S를 지구에 비유해서 π를 적도면이라 간주하여 π와 S와의 교선(交線) e를 적도라 하고 북극을 N이라 하여 북반구 즉 π에서 위의 S의 부분을 S₊라

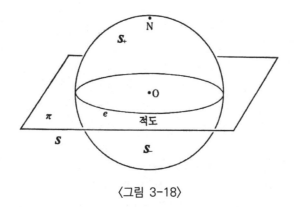

〈그림 3-18〉

적는다. S+에는 적도 e는 넣지 않는다. 이 S+가 우리의 새로운 평면이지만 보통의 평면과 구별하기 위해 '평면'이라고 • •을 넣어서 적는다. 평면상의 점도 특별히 점이라 적기로 하자.

다음은 직선을 정의하는 것인데, 지금 동그란 수박을 딱 두 동강으로 잘라서 그 하나를 절단면을 아래로 해서 도마 위에 놓았다고 가정하자. 그러면 수박의 껍데기가 북반구 S+에 상당하게 된다. 이때 칼을 도마와 직각으로 하여 수박을 자른다면 이 절단면이 바로 직선인 것이다.

A군 수학적으로 말씀하시면?

필자 다짐하기 위해 수학적으로 말하면 S+를 적도면 π에 수직인 평면으로 잘랐을 때의 절단면인 반원(半圓)이 직선이다 (〈그림 3-19〉 참조). 다만 반원의 양끝 U, V는 적도 e 위의 점이므로 직선상의 점은 아니지만 직선의 무한원점(無限遠點)이라 부르는 것이 편리하지. 이 직선을 (VU)라 적

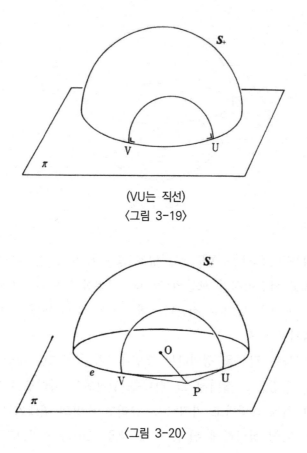

(VU는 직선)

〈그림 3-19〉

〈그림 3-20〉

기로 하면 직선 (VU)는 그 양끝 U, V의 부분에서 적도 e
와 수직으로 되어 있는 것을 알 수 있을지 몰라.

A군 직관적으로는 명백합니다.

필자 그것으로 충분하다. 그러면 이번에는 별개의 각도에서 직
선을 바라보자(〈그림 3-20〉 참조).

지금 P를 적도 e의 외측에 있는 π상의 임의의 점이라 하

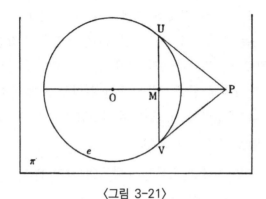

〈그림 3-21〉

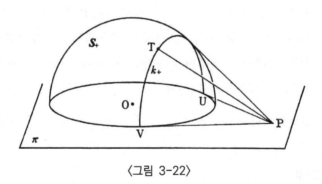

〈그림 3-22〉

고 P에서 e에 두 개의 접선 PU, PV를 그어 본다. 이것을 π의 바로 위에서 바라보면 〈그림 3-21〉처럼 되어 있기 때문에 P, O를 연결하면 직선 PO는 현 VU를 중점(中點) M으로 수직으로 이등분하고 있음을 알 수 있다.

A군 원은 PO에 대해서 선대칭이기 때문이지요.

필자 그래, 대칭의 생각은 멋지다. 그래서 직선 PO를 축으로
해서 이 도형을 원 e와 함께 공간에서 빙그르르 1회전시
키면 e는 구면 S를, 또 직선 VU는 PO에 수직인 평면을
그리므로 이 평면과 S의 교차 즉 U, V의 궤적은 하나의
원 k를 그리게 된다. 이 원 k의 북반구 S_+에 들어가 있는
부분 k_+가 정확히 U, V를 무한원점으로 하는 직선 (VU)
가 된다(〈그림 3-22〉 참조).

A군 북극 N을 지나는 직선이 누락되어 있습니다.

필자 그렇군. 포상의 어디에 P를 잡아도 소용없으므로 O를
지나는 현, 즉 e의 지름 VU를 긋고 VU의 수직이등분선
을 축으로 해서 U, V를 빙그르르 1회전시키기로 하자. 이
것이라면 이 수직 이등분선상의 무한원점을 P라 생각하게
된다. 그래서 이제부터는 π상의 점 P라 하면 π평면의 무
한원점도 넣어두기로 하자.

A군 알겠습니다.

경영(鏡映)

필자 그런데 선분 PU는—P가 π의 무한원점이면 PU는 반직선이지
만—PO를 축으로 하는 회전으로 언제나 구면 S에 접하면
서 움직이므로 그 중의 일순간의 위치를 PT라 하면 PT는
S에의 접선이 된다(〈그림 3-23〉 참조). 역으로 생각하면 P
에서 구면 S에 접선 PT를 그으면 T의 궤적이 k가 되는
것이다. 물론 PU도 PV도 PT의 특별한 위치의 하나이다.

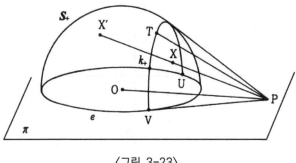

〈그림 3-23〉

A군   직선 PT의 궤적은 S에 접하는 원뿔이 되는군요. 원기둥
도 있습니다만.

필자   그래, 그 원뿔과 S가 원 k를 따라서 접하고 있는 것이
된다. 그래서 이러한 원 k 중 S₊에 들어가 있는 부분의
직선 k₊를 점 P의 극선(極線)이라 하고 역으로 직선 k₊에
대해서 P를 k₊의 극이라 한다(극은 점은 아니지만 특별한 용
어이므로 •을 붙였다).

다음으로 S상의 임의의 점 X와 π상의 주어진 점 P를 연
결해서 S와 제2의 점 X′에서 교차시켰을 때 X에서 X′에
의 대응을 P를 중심으로 하는 사영이라고 하는데, 특히 X
가 S₊상의 점일 때는 이 사영에 대한 것을 P를 중심(또는
극)으로 하고 P의 극선 k₊를 축으로 하는 경영이라 한다.

보통 평면상에서 직선 a를 축으로 하는 경영이라 하는
것은 점 X를 a에 대해서 대칭인 점 X′에 옮기는 대칭변
환을 가리키는 것이지만(〈그림 3-24〉 참조), 지금 말한 경영
은 이 보통의 경영과 아주 잘 닮았다. 그것은 알 수 있나?

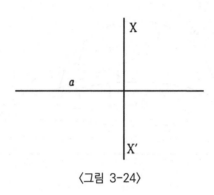

〈그림 3-24〉

A군 〈그림 3-25〉에서 k_+상의 점을 T라 하면 PT는 S_+에 접
하고 있으므로 T′=T가 되어 k_+상의 점은 이 경영으로 움
직이지 않습니다. 하지만 k_+ 이외의 점 X는 별개의 점
X′으로 옮겨지고 이 옮겨진 앞에서의 X′은 같은 경영으
로 원래의 점 X로 되돌아갑니다. 이것이 보통의 대칭변환
과 잘 닮고 있습니다.

필자 또 하나 닮고 있는 점은 없는가.

A군 글쎄요, 보통의 경영이라면 XX′은 축에 수직이 됩니
다만…….

필자 그러니까 k_+와 직교하는 직선을 찾으면 된다. 예컨대 먼
저 T에서 적도면 π에 수선 TH를 내리고 P와 TH를 포함
하는 평면을 $\pi′$이라 하면 $\pi′$은 적도면에 수직이 되겠지.

A군 물론 됩니다.

필자 그러니까 $\pi′$과 S_+의 교선을 ℓ_+라 하면 ℓ_+는 물론 직선
이다. 그런데 T에서의 k_+에의 접선과 PT와는 수직이므로

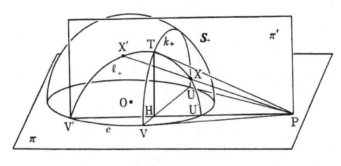

〈그림 3-25〉

ℓ_+와 k_+도 T에서 직교한다. 이 ℓ_+가 P로부터의 사영으로 자기자신에게 옮겨지는 것을 말하면 $\ell_+ \perp k_+$이다.

A군 $\ell_+ \perp k_+$는 거의 명백하여 ℓ_+상의 한 점을 X라 하면 PX를 지나는 직선은 π'상의 직선이므로 PX와 S_+의 교점 X′은 π'상의 점이기도 하고 따라서 X′은 PX와 ℓ_+의 교점이 됩니다. ℓ_+는 P 중심의 경영이고 ℓ_+ 자체에 옮겨지는 것이므로 $\ell_+ \perp k_+$입니다.

필자 그렇지, 이것을 역으로 생각하면 "P에서 적도 e에 할선 PU′V′을 긋고 이 할선을 지나서 모와 수직인 평면 π'을 구하고, 이것과 S_+가 교차해서 만들어지는 직선을 ℓ_+라 하여 k_+와 ℓ_+의 교점을 T라 하면, k_+와 ℓ_+는 T에서 직교한다."라는 중요한, S_+상에서 직교하는 두 직선의 성질을 증명한 것이 된다.

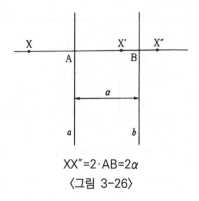

$$XX''=2\cdot AB=2\alpha$$
⟨그림 3-26⟩

합동변환

필자 그러면 다음으로 경영을 사용해서 도상의 이동, 즉 합동
변환을 정의하려고 생각하는데 보통의 평면에서 다음의
것을 증명해 보게.

"평행이동도 회전도 2회의 경영으로 나타낼 수 있다."

A군 a//b라 하면 ⟨그림 3-26⟩에서 점 X는 a를 축으로 하는
경영으로 XA=AX′이 되는 점 X′으로 옮겨지고 X′은 b를
축으로 하는 경영으로 X′B=BX″이 되는 점으로 옮겨지므
로 XX″=2AB가 돼서 X는 이 두 개의 경영으로 2AB만큼
평행이동합니다.

필자 평행이동은 대체로 그러한 것이겠지.

A군 점 O에서 교차하는 직선 a, b가 이루는 각을 θ라 하면
⟨그림 3-27⟩에서 알 수 있는 것처럼 X는 a를 축으로 하는
경영으로 X′으로 옮겨지고 X′은 b를 축으로 하는 경영으

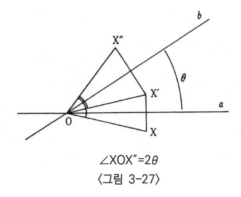

∠XOX″=2θ
〈그림 3-27〉

로 X″으로 옮겨지므로 이 두 개의 경영에서는 X는 2θ만큼 회전한 점으로 옮겨집니다.

필자 그런대로 그 정도의 설명으로 알 수 있겠지. 이상의 것을 수학답게 거드름을 피워서 말하면

"평행이동 및 회전은 두 개의 경영의 곱으로 나타낼 수 있다."

가 된다.

평면상에서 도형 예컨대 △ABC를 다른 위치 △A′B′C′으로 옮기려면 ⑴ A를 평행이동으로 A′에 옮겨서 △A′B″C″을 구하고 ⑵ 다음에 회전으로 A′B″을 A′B′으로 옮겨서 △A′B′C′이라 하면 C′은 C와 일치하든가 또는 A′B′과 대칭이 되므로(〈그림 3-28〉 참조), 결국 △ABC는 평행이동과 회전 또는 거듭 또 하나의 경영을 행하여 △A′B′C′로 옮길 수 있다. 결국 앞의 정리로부터 △ABC는 △A′B′C′에 경영만으로 옮길 수 있는 것이다.

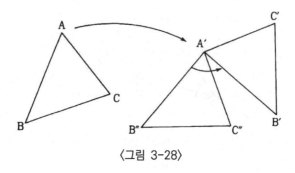

〈그림 3-28〉

선분의 길이

A군 이 사고를 구면상에서 하자는 것이군요. 그러나 선생님, 각은 경영으로 바뀌지 않지만 선분의 길이는 어떻게 될까요?

필자 그것이 잘 되는 장면이 재미있다. 먼저 두 점 A, B를 지나서 π와 수직인 평면으로 반구 S_+를 자르면 A, B를 지나는 직선 (VU)을 그을 수 있다(〈그림 3-29〉 참조). 지금 하나의 경영으로 A, B, U, V를 A′, B′, U′, V′에 옮기면 A′과 B′은 직선 (V′U′)상의 점이 되는 것인데 네 점 A, B, U, V와 A′, B′, U′, V′의 복비는 바뀌지 않으므로

$$\frac{AU}{BU} \cdot \frac{BV}{AV} = \frac{A'U'}{B'U'} \cdot \frac{B'V'}{A'V'}$$

기호로 (AB, UV) = (A′B′, U′V′)

이 값이 AB의 길이에 관계가 있을 것 같다는 것은 알겠지.

A군 복비 그대로는 길이가 되지 않습니까?

필자 길이라는 것은 세 점 A, B, C가 이 순서로 일직선으로

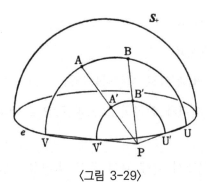

〈그림 3-29〉

늘어서 있다면 $\overline{AB} + \overline{BC} = \overline{AC}$가 되지 않으면 곤란하다. 그것에는 선분 AB의 길이 $\overline{AB}$를 다음과 같이 정의하면 되는 것을 알 수 있다.

$$\overline{AB} = k\log\left(\frac{AU}{BU} \cdot \frac{BV}{AV}\right) = k\log(AB,\ UV)$$

다만, U는 AB의 연장선상의 무한원점으로 하고 k는 임의의 양의 수로 한다(k는 원을 나타내는 k와는 관계 없음). 왜냐하면

$$\overline{AB} + \overline{BC} = k\log\left(\frac{AU}{BU} \cdot \frac{BV}{AV}\right) = k\log\left(\frac{BU}{CU} \cdot \frac{CV}{BV}\right)$$

$$= k\log\left(\frac{AU}{BU} \cdot \frac{BV}{AV} \cdot \frac{BU}{CU} \cdot \frac{CV}{BV}\right)$$

$$= k\log\left(\frac{AU}{CU} \cdot \frac{CV}{AV}\right)$$

$$= \overline{AC}$$

이기 때문이지.

A군 잘 되고 있군요.

필자 각은 어떻게 된다고 생각하는가?

A군 각은 직선끼리가 교차한 보통의 각으로 괜찮았으므로 그 대로입니다.

필자 그렇지. 그래서 각에 대한 것은 염려하지 않아도 되지만 길이와 마찬가지로 복비로 나타낼 수도 있는 것이지. 그 편이 실제문제로서는 편리하다. 그러나 이것은 보강에 돌리도록 하자(〈보강 4〉 참조).

A군 어렵습니까?

필자 아니. 크게 어려운 것은 없지만 보강에서는 하는 김에 다른 것도 해 보이고 싶어서지. 함께 합쳐서 하는 편이 좋아. 그것으로 모처럼 길이를 정의할 수 있었으니까, 이번에는 S_+상의 점 C를 중심으로 하여 점 A_0를 지나는 원의 형태를 조사해 보자.

원

필자 먼저 π상에 e와는 교차하거나 접하거나 하지 않는 직선 c를 긋는다. c를 지나는 평면을 생각하고 이것을 움직여 가면 S_+와 접할 때가 있으므로 그때 접점을 C라 한다. 다음으로 일반적으로 직선 c를 지나서 S_+와 교차하는 평면 α를 그으면 교차 k는 물론 원이다. 이 원 k가 모델의 기하에서도 원이 됨을 증명하자(〈그림 3-30〉 참조).

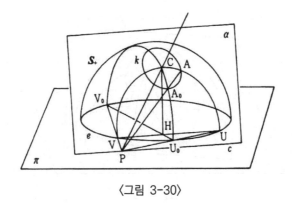

〈그림 3-30〉

이를 위해서는 C를 지나서 하나의 직선 $(V_0 U_0)$를 긋고 k와의 교점 A_0를 정해 둔다. 다음으로 c상의 동점 P로부터 $(V_0 U_0)$를 S_+상에 사영해서 이것을 직선 (VU)라 하면 이 사영으로 A_0의 상(像)은 (VU)와 k와의 교점이 되는 것은 알겠지.

A군 이 사영은 P를 중심으로 하는 경영이기도 하기 때문이죠.

필자 이 점을 A라 한다. 그런데 점 C는 직선 c를 지나서 S_+와 접하는 평면의 접점이므로 선분 PC는 S_+에 접하는 것이다. 그렇게 하면 지금의 사영으로 C는 C 자신에 사영된다. 그러면 U_0, V_0, A_0, C는 U, V, A, C에 사영되므로 복비의 불변성으로부터

$$(CA_0,\ U_0 V_0) = \frac{CU_0}{A_0 U_0} \cdot \frac{A_0 V_0}{CV_0} = \frac{CU}{AU} \cdot \frac{AV}{CV} = (CA,\ UV)$$

가 되어 길이의 정의로부터 $\overline{CA_0} = \overline{CA}$가 된다. 그래서 k

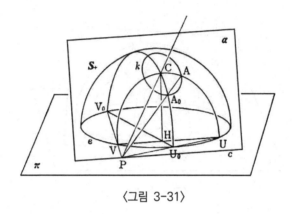

〈그림 3-31〉

는 C가 중심이고 반지름의 길이가 $\overline{CA_0}$인 원이 되어 있는 것이다.

A군　약간 이해하기 어려웠던 것 같지만, 결국 π상에서 적도 e와 교차하지 않는 직선을 c라 하면 c를 지나는 평면과 S_+와의 교차인 작은 원이 원이고, 이 원의 중심은 직선 c를 지나서 S_+에 접하는 평면의 접점 C라는 것이군요.

필자　직선 C가 π의 무한원직선이라도 괜찮다면, S_+상의 어떤 작은 원도 모두 S_+상의 원이고 그 이외의 원은 없다는 것이다.

A군　c를 지나는 여러 가지 평면과의 절단면은 결국 C를 중심으로 하는 동심원이군요.

필자　그렇다. 다음으로 직선 c를 움직여서 적도 e에 계속해서 접근시켜 가면 동심원의 중심 C는 계속해서 e에 접근해 가고 마침내 c가 e에 접하면 중심 C는 e상의 점, 즉 무

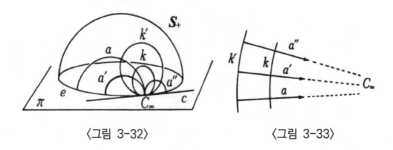

〈그림 3-32〉　　　　　　　〈그림 3-33〉

한원점 C_∞가 돼버린다(〈그림 3-32〉 참조). 이때 동심원은
e상의 점 C_∞에서 서로 접하는 원이 돼버린다. 이 원 k′
등은 무엇일까?

A군　k′은 원도 아니고 직선도 아닌데 도대체 무엇일까요…….

필자　이것이야말로 무한원점을 중심으로 하는, 무한대 반지름
의 원이고 가우스가 말하는 트로페인 거야.

　그 까닭은 지금 e상의 점 C_∞의 부분에서 e와 직교하는
원을 생각해 보자. 이 원 a는 C_∞를 무한원점으로 가지는
직선이지만 k′과 a와는 C_∞의 부분에서 직교하고 있는 원
이므로 a와 k′은 북반구 S_+의 내부의 교점에서도 직교하
고 있는 것이지. 이러한 직선 a, a′, a″……은 그래서 k′
과 모두 직교하고 있는 것이 된다. 더욱이 a, a′, a″……
은 C_∞ 끝으로 하는 직선이므로 서로 평행, 따라서

　k′란 서로 평행인 직선 a, a′, a″ …… 전부에 직교하는 곡
　선이다(〈그림 3-33〉 참조).

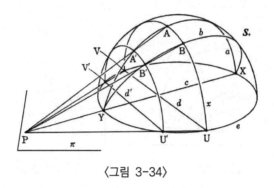

〈그림 3-34〉

라고도 말할 수 있고 역으로

　k′에 직교하는 직선은 서로 평행이다.

라고도 말할 수 있다. k′은 그래서 트로페임을 알 수 있다. k′은 원과도 닮은 성질을 갖고 직선과도 닮은 성질을 갖는 중간체란다.

A군　그러면 e와 두 점에서 교차하는 직선 c를 지나는 평면에서의 절단면의 원은 무엇이 됩니까?

필자　반가운 질문이군. 그러면 간단하게 하기 위해 c가 적도 e와 지름의 양끝 X, Y에서 교차하고 있다고 하자. c를 지나서 적도면 π에 수직인 평면과 S+의 교선(交線) a는 물론 S+상의 직선 (XY)이 된다. 그래서 지금 c를 지나는 다른 평면과 S+와의 교선을 b라 해 둔다. 그러면 지금 c와 직교하는 동직선(動直線) d를 잡고 d를 지나서 적도면 π와 직교하는 평면과 S+의 교선을 x라 하고 다음으로 x와 a, b의 교점을 A, B라 하면 A, B, U, V의 복비는 동직선 d

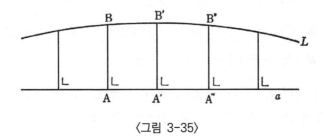

〈그림 3-35〉

의 위치에 따르지 않음을 〈그림 3-34〉로 알 수 있을 것
이다.

A군   d의 밖에 또 하나 d′을 잡아서 그림과 같이 점의 이름을
붙이면 U, V, A, B를 U′, V′, A′, B′과 연결한 직선이
c상의 한 점 P에서 교차합니다.

필자   그러면 A, B, U, V의 복비가 일정하게 되고 결국 A, B,
U, V의 복비가 일정하면…….

A군   AB의 길이 $\overline{AB}$가 일정하게 됩니다.

필자   그래서 결국 b라는 원은 비유클리드적으로 말하면 직선
a로부터의 거리가 일정한, 이를테면 등거리선 L이 돼버린
다(〈그림 3-35〉 참조). 지금까지 몇 번이나 나온 수상한 곡
선이란다.

A군   이것으로 S+상의 모든 원이 다 나왔군요. 분류를 하면

  ● e와 직교하는 원(반원)─직선

- e와 두 점에서 교차하지만 직교하지 않는 원(반원)—어떤 하나의 직선으로부터의 등거리선
- e에 접하는 원—트로페(무한원 중심의 무한대 반지름의 원)
- e와 완전히 떨어져 있는 원—원

이 됩니다. 재미있군요. 그러나 선생님, 중요한 도형의 이동에 대한 정의가 아직도 끝나지 않았습니다.

합동변환과 비유클리드 기하

필자 아직도인가? 도형의 이동은 경영의 합성으로 정의하면 되는 거야. 그리하면 아무튼 반구면 S_+상에 합동변환(이동이라 해도 마찬가지)이 정의되었다고 하여 이것으로 도상에 기하가 만들어진 것이지만 이것이 과연 비유클리드 기하로 되어 있는지 어떤지 알 수 있는가?

A군 평면상의 그림(〈그림 3-36〉 참조)과 S_+상의 그림(〈그림 3-37〉 참조)을 배열해서 그려 둡니다.

(1) A를 꼭짓점으로 하는 반(半)직선 a를 A′을 꼭짓점으로 하는 반직선 a′에 옮길 수 있다는 것.

점 A와 A′을 지나는 직선을 AUA′으로 나타내면…….

필자 U는 '결합'의 기호이지. 집합의 '합'과는 다른 것이다.

A군 선생님이 전에 말씀하신 '속(束)'의 기호를 사용합니다. 이것은 매우 편리하기 때문이죠.—직선 AUA′과 평면 π와의 교점 P를 중심으로 하는 경영으로 A는 A′으로 옮겨집니

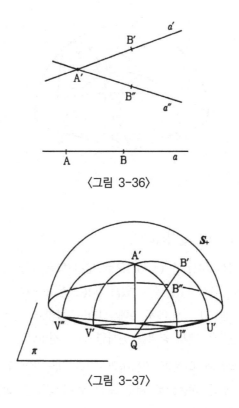

〈그림 3-36〉

〈그림 3-37〉

다만 U, V는 U″, V″으로 옮겨졌다고 합니다. 그렇게 하면 직선 U′UU″과 V′UV″과의 교점 Q를 중심으로 하는 경영으로 이 직선 (V′U′)과 (V″U″)은 교체되는 것뿐이므로 이 교점 A′은 움직이지 않습니다. 그러니까 지금의 두 개의 경영을 합성한 합동변환으로 A는 A′으로, 반직선 (AU)는 (A′U′)로 옮겨집니다.

(2) 이때 반직선 (AU)상에 한 점 B를 잡으면 경영으로는 선분의 길이는 바뀌지 않으므로 점 B는 $\overline{AB} = \overline{A'B'}$이 되는

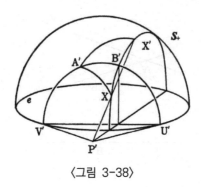

〈그림 3-38〉

점 B′으로 옮겨집니다.

⑶ 반직선 (AU)를 (A′U′)으로 옮긴 다음 거듭 (A′U′)을 축으로 해서 접을 수도 있습니다(〈그림 3-38〉 참조). 이를 위해서는 U′, V′에서 e에 접하는 접선을 긋고 교점 P′을 중심으로 해서 경영을 행하면 되는 것입니다.

⑷ 반직선의 이동이 가능하면 "2변 끼인각이 같은 두 개의 삼각형은 이동으로 서로 포갤 수 있다." 등 합동 삼각형의 정리도 쉽게 증명할 수 있습니다(〈그림 3-39〉 참조).

합동 삼각형이 서로 포개졌으므로, 나머지는 "평행선을 두 개 그을 수 있다."는 것을 말하면 됩니다. 이것은 무한원점 U 또는 V를 공통의 무한원점으로 갖는 직선을 a=(VU)에 평행이라고 말하면 되는 것이므로 〈그림 3-40〉으로부터 명백합니다.

필자 S₊상에서 비유클리드 기하가 성립하고 있음을 알았겠지.

A군 클라인의 모델과 다른 것이 마음에 걸립니다.

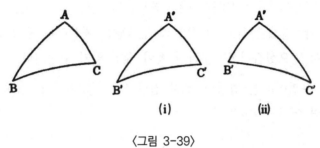

(i)   (ii)

〈그림 3-39〉

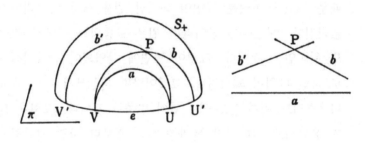

〈그림 3-40〉

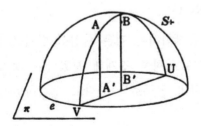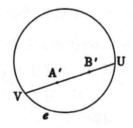

〈그림 3-41〉

필자 S₊상의 도형을 전부 π평면에 정사영하면 클라인의 모델이 된다(〈그림 3-41〉 참조)(〈보강 3〉 참조).

A군 아, 알겠습니다. 그러면 왜 선생님은 처음부터 원으로 하지 않으셨습니까? 클라인 쪽이 훨씬 알기 쉽습니다.

필자 구면이라면 경영이 무척 간단하게 정의되겠지. 평면이라면 어떻게 하지?

A군 …….

필자 할 수는 있는 거란다. 그러나 사영 기하학적으로 되기 때문에 조금 어려운 표현이 되지만 원을 생각하는 의미가 없어진다. 예컨대 S₊상이라면 원은 보통의 기하에서 보아도 원이었을 것이다. 그것이 평면에 사영되어 클라인식으로 하면 타원이 돼버린다. 그것이라면 처음부터 타원 속에 비유클리드 기하를 만드는 편이 말쑥한 것이다. 그렇게 되면 유클리드 기하적인 논의를 하는 것보다 사영 기하적으로 논의를 진행시키는 편이 말쑥하다. 그런데 사영 기하는 보통사람은 모르겠지?

A군 이름을 알고 있을 정도입니다.

필자 그러한 까닭으로 입체를 생각하는 것은 확실히 번거롭지만 구면상에서 비유클리드 기하를 전개해 보았다는 것이지. 하는 김에 초등 기하의 공부로도 된다고 생각하였기 때문일세.

A군 덕분에 초등 기하의 힘만으로도 상당히 고급의 기하를 할 수 있다는 것을 알았습니다. 입체 기하도 학교에서는 거의

하지 않지만 도움이 되는 것이군요.

필자   입체 기하를 어려워하지만 평면 기하를 충분히 해 두면 입체는 단지 사고방식에 친숙해지기만 하면 되는 것일세.

필자   한 가지 중요한 점을 덧붙여 두자. 가령 가우스라 해도 로 바체프스키, 볼리아이라 해도 참담한 고뇌를 거쳐 가까스로 비유클리드 기하에 당도했다. 그것은 "직선 밖의 점에서 이 직선에 두 개의 평행선을 그을 수 있다고 가정하면 어떻게 되는가."라는 방향에서 그러한 기하를 발견하려고 하였기 때문이다. 그런데 모처럼 발견하였을 것인 기하는 과연 현실에 존재하는 것인가라는 일대 의문에 부딪쳐 난항에 난항을 거듭했다. 그러나 클라인이나 우리들이 S+ 상에 만든 것 같은 모델에서는 "이봐, 여기에 평행선이 두 개 있는 것 같은 비유클리드 기하가 틀림없이 눈앞에 만들어져 있는 것이 아닌가."라고 아주 간단하게 비유클리드 기하의 수학적 '존재'를 증명해 버렸다. 게다가 이 모델을 사용하면 지금까지 몇번이나 나온 유명한 평행선각의 식

$$* \quad \tan\frac{\theta(x)}{2} = e^{-\frac{x}{k}}$$

등도 로바체프스키와 같은 천재가 아니라도 단순한 계산만으로 낼 수 있다(〈보강 6〉 참조). 지금 와서는 세 사람의 천재가 고생한 길을 쫓아서 비유클리드 기하에 도달할 필요는 없어졌다.

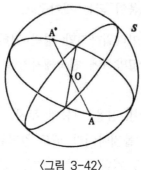

〈그림 3-42〉

A군 트로페라든가 극한원을 사용해서 ＊식을 유도한 것은 헛
수고였군요.

필자 그러나 헛수고를 두려워해서는 새로운 발견은 할 수 없
으니 말이야. 새로운 발견을 하려고 생각한다면 열심히 헛
수고를 해라. 멋진 방법은 나중에 나오는 법이다.

또한 S_+상의 기하로서 하는 일은 $\triangle ABC$의 내각의 합
$A+B+C$가 $\pi = 180°$보다 작다든가, 넓이는 $\pi-(A+B+C)$에
비례한다든가, 반지름 r인 원둘레는 $\pi(e^{r/k}-e^{-r/k})$와 같다든
가, 앞의 ＊의 식을 내는 것이라든가 여러 가지 있지만 이
것은 보강에서 하기로 하자(〈보강 5〉, 〈보강 8〉 참조).

A군 리만형의 타원 기하는 선생님이 앞에서 설명하셨지만 너무
간단하였으므로 조금 더 이야기해 주세요(〈그림 3-42〉 참조).

타원 기하

필자 리만형의 비유클리드 기하, 클라인이 말하는 타원 기하는

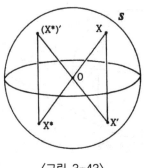

〈그림 3-43〉

앞에서도 말했지만 구면 전체가 평면인데 구의 중심 O에 대해서 대칭적인 두 점 (A, A*)—이것을 대심점이라 한다—을 한 점으로 생각하는 부분이 보통과 다르다(〈그림 3-42〉 참조). 그리고 큰 원 전체가 직선이지만 그 위에 있는 한 쌍의 대심점 A, A*가 실은 한 점이므로 직선 전체의 형태는 직선이라기보다 원형이겠지. 거기가 보통의 유클리드 기하나 가우스의 비유클리드 기하와도 크게 다른 부분이고 타원 기하의 평면도 직선도 무한으로는 확산되어 있지 않고 전부 유한의 부분에 있다. 또 어느 직선도 한 점(실은 구면상의 한 조의 대심점)에서 교차하므로 평행선은 전혀 존재하지 않는다. 그러나 경영에 상당하는 것도 있어 그것은 구면의 중심을 지나는 평면에 대해서 면대칭으로 되어 있는 두 점 (X, X*)와 (X′(X*)′)을 경영의 대응점이라 생각하면 된다(〈그림 3-43〉 참조). 경영을 몇 번인가 시행한 변환을 합동변환이라 정의하면 이것으로 타원 기하가 전부 정의된 것으로 된다.

176

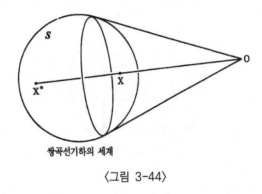

쌍곡선기하의 세계

〈그림 3-44〉

A군　구면 기하와 대체로 같은 것이라 생각해도 되는군요.

필자　좁은 장소에서는 완전히 같은 것이란다. 다만 넓게 전체적으로 보면 틀리는 부분이 나타난다.

3종의 기하

필자　그러면 결말로서 유클리드 기하와 두 개의 비유클리드 기하 사이의 관계를 모델로 조사해 보자.

　가우스 등의 비유클리드 기하는 지구의 북반구가 평면이고 적도면에 수직인 평면으로 북반구를 자른 절단면의 반원이 직선이었지만, 실은 일반적으로 구면 S의 외부에 주어진 점 O를 임의로 잡아서 O에서 그은 S에의 할선이 S와 교차하는 두 점 X, X* 중 O에 가까운 쪽의 X만을 평면 S+의 점이라 생각하고 O를 지나는 평면과 S+와의 교차하는 원호(圓弧)를 직선이라 이름 붙이면, 앞의 북반구 S+에서 한 것과 같은 비유클리드 기하가 만들어지는 것이다.

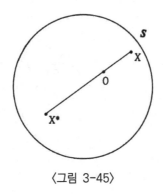

〈그림 3-45〉

A군 또 하나의 X*로부터 만들어지는 평면 S₋를 생각해도 마찬가지군요.

필자 그렇다. 그래서 (X, X*)의 한 쌍을 점이라 이름 붙여서 S₊ 전체를 평면이라 생각해도 되는 것이다. 원뿔을 잘라서 만들어지는 원뿔곡선 중에서 쌍곡선은 같은 형태의 곡선 두 개로 나누어져 있는데 이 모양이 그것과 닮았기 때문에 쌍곡선 기하라 클라인은 명명했다…….

A군 그러한 것은 선생님의 농담…….

필자 그렇다고 생각해도 상관없어. 어차피 명칭상의 문제니까. 타원 기하도 구의 중심 O에 대해서 대칭적인 대심점 (X, X*)를 한 점이라 생각하고 만든 것인데 이것도 반드시 구의 중심만은 아니고 구의 내부에 임의의 점 O를 정해서 O를 지나는 임의의 할선이 구면 S와 교차하는 두 점 (X, X*)를 한 점이라고 정의해도 마찬가지로 된다(〈그림 3-45〉 참조). 이때는 'O에 가까운 쪽의 X를 모아서'라고 할 수는

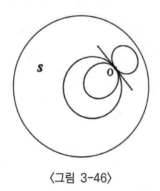

〈그림 3-46〉

없기 때문에 S는 S₊, S₋의 두 개로 나눌 수는 없다. 이렇
게 해서 정의한 평면도 직선도 전부 유한의 부분에 있다.
이러한 부분이 이번에는 타원과 닮고 있으므로 타원 기하
라 한다.

A군 그렇다면 포물선 기하는 유클리드 기하라고 하기로…….

필자 되는지 어떤지, 자네가 생각해 보게나.

A군 O가 S의 밖이라면 쌍곡선 기하, 안이라면 타원 기하이므
로 이번에는 O를 구면 S상에다 잡을 수밖에 없습니다(〈그
림 3-46〉 참조).

필자 그렇단다.

A군 그러면 O를 지나서 그은 임의의 직선이 S와 교차하는 점
X를 점이라 생각하는 것이므로 O 이외의 S의 점 전체를
평면이라 생각할 수밖에는 없습니다. O를 지나는 평면으
로 구면 S를 자른 절단면이 직선이군요.

필자 평행선은?

A군 O의 부분에서 접하는 두 원은 O 이외에서 공통점이 없으므로 이 두 원, 즉 두 직선이 평행선입니다. 직선상에 없는 점을 지나서 이것과 평행인 직선이 단지 하나 존재하는 것도 분명합니다. 따라서 확실히 이것은 유클리드 기하의 모델이라 할 수 있을 것 같습니다.

필자 나머지는 평행이동이라든가 회전을 이 모델 상에서 정의하면 된다. 타원은 이어진 것으로 닫힌 도형이고 포물선은 이어진 것이지만 열린 도형이다. 구면은 이어진 것으로 닫힌 도형이고, 구면에서 한 점 O를 제거한 도형은 이어진 것이지만 열린 도형이다. 그렇다면 구면 전체로부터 만든 기하가 타원 기하라면 구면에서 한 점을 제거한 도형으로부터 만들어진 기하, 즉 유클리드 기하를 포물선 기하라 불러도 지장 없는 것이 아닌가.

A군 알기 쉬운 명명법이라 생각합니다.

필자 이것으로 비유클리드 기하에 대한 대강의 이야기가 끝난 것으로 하고 나머지는 보충강의에서 설명하겠다. 정말 수고했다.

A군 덕분에 꽤 공부가 됐습니다. 고맙습니다.

부록

보충강의

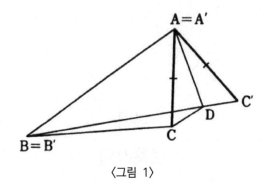

〈그림 1〉

〈보강 1〉
사케리, 르장르드의 두 정리(62~63쪽)

제1정리 어떤 삼각형 △ABC도 내각의 합은 π를 넘지 않는
다: $A+B+C\le\pi$(A 등은 ∠A 등의 크기를 나타낸다) 이것을 증명
하기 전에 우선 다음의 보조 정리를 증명한다.

보조 정리 △ABC, △A′B′C′에서 AB=A′B′, AC=A′C′, ∠
BAC<∠B′A′C′라면 BC<B′C′이다.

(증명) A′B′이 AB와 겹쳐 있는 그림(〈그림 1〉 참조)으로 증명
한다. ∠CAC′의 이등분선과 변 BC′과의 교점을 D라 하
면 AC= AC′ 따라서 DC′=DC

  ∴ BC′=BD+DC′=BD+DC>BC   (증명 끝)

(정리의 증명) △A₀B₀C₀를 주어진 임의의 삼각형이라 한다. 각
을 그림(〈그림 2〉 참조)처럼 α, β, γ라 하고

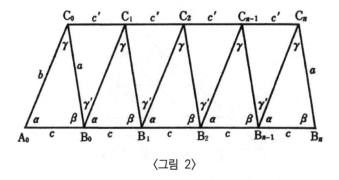

〈그림 2〉

(1) $\alpha+\beta+\gamma>\pi$라 가정해서 모순을 드러낸다.

그림에서 변 A_0B_0의 연장선상에 합동 삼각형을 만든다:

$$\triangle C_0A_0B_0 \equiv \triangle C_1B_0B_1 \equiv \triangle C_2B_1B_2 \equiv \cdots\cdots \equiv C_nB_{n-1}B_n$$

그러면 그림에서

$$\triangle B_0C_1C_0 \equiv \triangle B_1C_2C_1 \equiv \cdots\cdots \equiv \triangle B_{n-1}C_nC_{n-1}$$

그래서

$\angle C_1B_0C_0=\gamma'$이라 두면 $\alpha+\beta+\gamma'=\pi<\alpha+\beta+\gamma$(가정)

$\therefore \gamma'<\gamma$ 그러면

$\triangle C_0A_0B_0$와 $\triangle B_0C_1C_0$에서 $C_0A_0=B_0C_1=b$, $C_0B_0=B_0C_0$ $=a$, $\gamma>\gamma'$ 따라서 보조 정리에 의해서 $A_0B_0=c>C_1C_0=c'$

$\therefore c>c' \therefore c-c>0$

그런데 그림에서

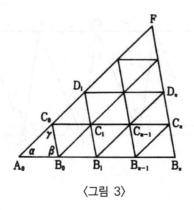

〈그림 3〉

$A_0B_n < A_0C_0 + C_0C_n + C_nB_n$

$\therefore (n+1)c < b + nc' + a$

$\therefore (n+1)(c-c') < b - c' + a$

n을 크게 잡으면 좌변은 얼마든지 커져서 모순이다. 그래서 $\alpha + \beta + \gamma > \pi$ 아니다.   (증명 끝)

이상한 것은 가우스는 르장드르의 책을 평행선의 공리의 잘못된 증명 이외는 업신여기고 읽지 않았는지, 읽었지만 잊어버렸는지 이것과 꼭 닮은 제1정리의 증명을 노트에 남기고 있고 "1828년 11월 18일 발견"이라는 등 관례에 따라 날짜까지 넣고 있다. 나는 역사의 탐색은 좋아하지 않지만, 이러한 것을 보면 즐거워진다.

제2정리 하나의 삼각형 $\triangle A_0B_0C_0$에서 내각의 합 $A_0 + B_0 + C_0$가 π라면 모든 삼각형 $\triangle ABC$에 있어서 내각의 합 $A + B + C$

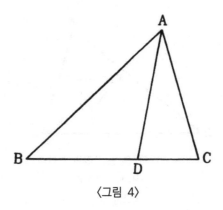

〈그림 4〉

는 π와 같다. 따라서 하나의 삼각형에서 내각의 합이 π보다 작다면 모든 삼각형에서 내각의 합이 π보다 작다.

(증명) 제1단 $\triangle A_0B_0C_0$에서 $A_0+B_0+C_0=\pi$라 한다(〈그림 3〉 참조). 앞과 마찬가지로 $\triangle A_0B_0C_0$와 합동인 삼각형을 변 A_0B_0의 연장선상에 만들고 $A_0=\alpha$, $B_0=\beta$ $C_0=\gamma$라 고쳐 적으면 그림에서 알 수 있는 것처럼 $C_0C_1C_2\cdots\cdots C_n$은 일직선상의 점이 된다. $C_0\cup C_1$상에도 $\triangle A_0B_0C_2$와 합동인 삼각형을 만들고 마찬가지로 계속하면 큰 삼각형 $\triangle A_0B_nF$가 만들어지고 그 내각의 합 $A_0+B_0+F=\alpha+\beta+\gamma$는 π와 같아진다.

제2단 그런데 일반적으로

보조 정리 $\triangle ABC$의 내각의 합이 π와 같다면 변 BC상에 한 점 D를 임의로 잡으면 $\triangle ABD$, $\triangle ADC$의 내각의 합은 양쪽 다 π와 같다. 이 역도 분명히 성립한다(〈그림 4〉 참조).

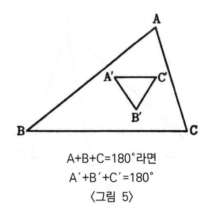

A+B+C=180°라면
A′+B′+C′=180°
〈그림 5〉

(증명) △ABD, △ADC의 내각의 합은 제1정리에 의해서 각각 $\pi-\varepsilon$, $\pi-\varepsilon'$($\varepsilon \geq 0$, $\varepsilon' \geq 0$)이다. 이 두 삼각형의 내각의 합은 원래의 삼각형의 내각의 합과 D의 부분에 만들어진 두 각의 합 π를 더한 것이기 때문에 2π이다.

$$\therefore (\pi-\varepsilon)+(\pi-\varepsilon')=2\pi$$

$$\therefore \varepsilon=\varepsilon'=0$$

그 반대는 명백하다.   (보조정리 증명 끝)

제3단 이 보조정리를 반복해서 사용하면

보조정리 "△ABC의 내각의 합이 π라면 이 삼각형 속에 들어가는 삼각형은 모두 내각의 합이 π와 같아진다."

(증명 생략)

제4단 앞에서 작도한 $\triangle A_0 B_n F$는 내각의 합이 π로, 얼마든지 크게 할 수 있으므로 주어진 임의의 삼각형 △ABC와 합

동인 삼각형이 들어가도록 만들 수 있다. 따라서 △ABC
의 내각의 합은 π와 같다(〈그림 5〉 참조).

(제2정리의 증명 끝)

〈보강 2〉
트레미의 정리의 역

(141~144쪽)

트레미의 역을 증명하는 데 다음과 같은 트레미의 정리의 이
면, 즉 역의 대우(對偶)를 증명하자.

트레미 정리의 이면 일직선상에 없는 네 점 A, B, C, D가
이 순서로 같은 원둘레상에 늘어서 있지 않다면 AB·CD+AD
·B>AC·BD이다.

증명은 A, B, C, D를 이 순서로 연결한 사변형이 (ⅰ) 凸일
때, (ⅱ) 凹일 때, (ⅲ) 교차하고 있을 때, (ⅳ) 같은 평면상에
없는 공간 내의 네 점일 때의 네 가지 경우로 나눠서 증명하는
것이 귀찮을 뿐이고 별로 어려운 것은 없다.

(ⅰ) ABCD가 凸일 때(〈그림 6〉 참조). 트레미의 증명 때(142쪽)
   와 마찬가지로 △ABC와 닮은꼴인 △ECD를 그림처럼 만
   든다. 그러면 앞과 같은 비례관계로 △AED와 △BCD도
   닮은꼴이 돼서 이 두 개의 닮은꼴 관계로부터

AB·CD = BD·EC, AD·BC = AE·BD

188

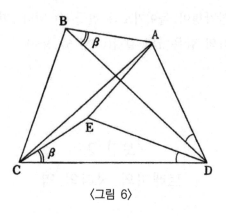

〈그림 6〉

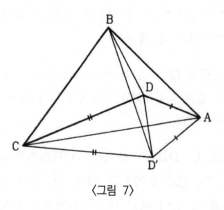

〈그림 7〉

가 나와서 이것을 더하면

AB·CD+AD·BC = BD(EC+AE)

가 되는 부분까지는 전적으로 전과 같다. 그러나 ABCD는 같은 원둘레상에 없으므로 $\beta=\angle ECD=\angle ABD\neq\angle ACD$이고, E는 선분 AC상에 없으므로 EC+AE>AC이니까

AB·CD+AD·BC = BD(EC+AE) > BD·AC

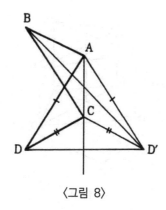

〈그림 8〉

가 돼버린다.

(ii) ABCD가 그림(〈그림 7〉 참조)처럼 D의 부분에서 오목해져 있으면, 점 D′을 AC에 대해서 D의 대칭점이라 하면 ABCD′은 볼록이 되고 (i)로부터

$$AB \cdot CD + AD \cdot BC = AB \cdot CD′ + AD′ \cdot BC \geq AC \cdot BD′$$

(=가 붙는 것은 ABCD′은 동일 원둘레상에 있을지도 모르기 때문에) 그런데 B는 DD′의 수직 이등분선 AUU의 D쪽에 접근해 있기 때문에 BD′>BD가 되는 것은 바로 알 수 있으므로

$$AB \cdot CD + AD \cdot BC \geq AC \cdot BD′ > AC \cdot BD$$

가 된다.

(iii) ABCDA의 순으로 연결한 사변형이 〈그림 8〉처럼 교차하고 있다면 예와 마찬가지로 D의 AC에 대한 대칭점 D′을 잡으면 (ii)와 같은 계산으로

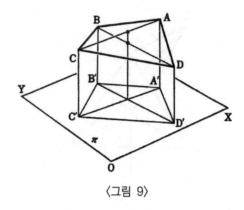

〈그림 9〉

AB·CD+AD·BC=AB·CD′+AD′·BC≥AC·BD′>AC·BD

가 된다.

(iv) 이번에는 ABCD가 공간의 비틀림사변형일 때(〈그림 9〉 참
   조) 한 점 O에서 AC, BD에 평행으로 OX, OY를 긋고
   OX, OY를 지나는 평면 π를 구하면 AC, BD는 π에 평행
   이므로 A, B, C, D를 π에 정사영하면 비틀림사변형 ABCD
   와 사변형 A′B′C′D′에서

   AC=A′C′, BD=B′D′

   이지만 나머지의 변은 사영한 것은 모두 짧아지므로

   AB·CD+AD·BC>A′B′·C′D′+A′D′·B′C′≥A′C′·B′D′
   =AC·BD〔사변형 A′B′CD′에는 (i)(ii)(iii)〕의 결과를 사용한다.

(증명 끝)

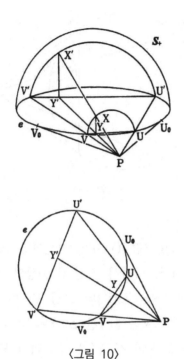

〈그림 10〉

〈보강 3〉

원의 내부에 비유클리드 기하의 모델을 만든다

(172쪽)

이를 위해서는 S_+상의 도형을 경영에 의한 상(像)과 함께 적도평면 π에 정사영하면 된다(〈그림 10〉 참조). 그래서 S_+의 직선 (VU)가 경영으로 (V′U′)에 옮겨졌다고 하면 e 내에서는 V, U 가 양끝의 현 VU가 현 V′U′으로 옮겨지게 된다. 현 VU를 S_+ 때와 같은 기호 (VU)로 나타내고 이것을 직선이라 부르기로 하

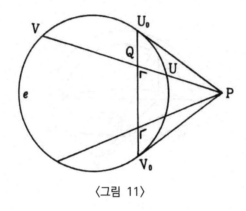

〈그림 11〉

면 e 내에서는 그림처럼 (VU)가 직선이고 (VU)가 경영으로
(V'U')으로 옮겨진다. 따라서 직선 (VU)상의 점 Y는 이 경영
으로 그림처럼 PUY와 (V'U')의 교점 Y'으로 옮겨지는 것이
다. 반대로 생각하면 처음에 Y을 e 내에 임의로 잡았을 때 P
중심의 경영에 의한 Y의 상 Y'을 구하려면 Y를 지나서 임의
의 직선, 즉 현 VU를 긋고 PUU와 e와의 교점 U', PUV와 e
와의 교점 V'을 구하여 U'UV'과 PUY와의 교점을 Y'이라
하면 이 Y'이 Y의 상이다. 현 VU의 연장이 P를 지나지 않도
록 주의만 하면 VU는 임의라도 괜찮다.

〈그림 11〉에서 P에서 e에 그은 접선의 접점을 U_0, V_0라 하
고 P에서 e에 할선 PUV를 그으면 P 중심의 경영으로 직선
(V_0U_0)상의 점은 부동(不動)이고 U와 V는 교체된다. 그래서
(V_0U_0)와 (VU)의 교점을 Q라 하면 이 경영으로 반직선 (QU)
와 (QV)는 교체되지만 (V_0U_0)는 전혀 움직이지 않으므로 결국
직선 (UV)는 (V_0U_0)에 수직인 것이다. 역으로 말하면 직선

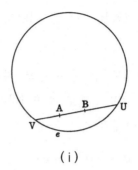

(i)

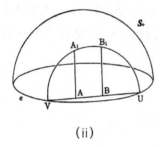

(ii)

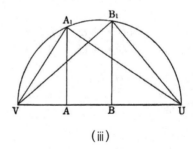

(iii)

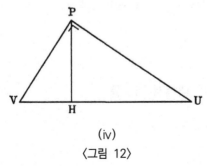

(iv)

〈그림 12〉

(V_0U_0)와 직교하는 직선을 원밖으로 연장하면 주어진 점 P를 지나게 된다.

원 e 내에서도 두 점 A, B의 거리 $\overline{AB}$는 $k'\log(AB, UV)(k'$은 임의의 상수)의 형태로 주어진다(〈그림 12〉 참조). 이것을 S_+를 사용해서 증명해 두자.

(i)의 두 점 A, B가 S_+상의 A_1, B_1의 정사영으로 되어 있다 하고 그림 (ii)의 일부를 끄집어낸 (iii)을 생각한다. 일반적으로 (iv)의 직각 삼각형에서 $\triangle$PVU에서 PH$\perp$VU라 하면 $PU^2=HU$ •VU인 것을 이용하면

(1) $(A_1B_1, UV)^2$

$$= \left(\frac{A_1 U}{B_1 U} \cdot \frac{B_1 V}{A_1 V} \right)^2 = \frac{(A_1 U)^2}{(B_1 U)^2} \cdot \frac{(B_1 V)^2}{(A_1 V)^2}$$

$$= \frac{AU \cdot VU}{BU \cdot VU} \cdot \frac{BV \cdot UV}{AV \cdot UV} = \frac{AU}{BU} \cdot \frac{BV}{AV}$$

$$= (AB, UV)$$

그러므로

(2) $\overline{A_1B_1} = k\log(A_1B_1, UV) = \frac{1}{2}k\log(A_1B_1, UV)^2$

$$= \frac{1}{2}k\log(AB, UV)$$

그래서 e 내의 두 점 A, B에 대해서 $\overline{AB}$를

$$\overline{AB} = k'\log(AB, UV)$$

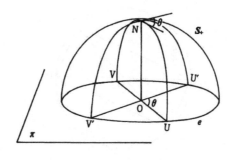

〈그림 13〉 A

라 두고 $\overline{A_1B_1}$을 정의할 수 있다(다만 ⑵대로이면 $\overline{AB}$에는 양 음의 값이 붙어 있는 것에 주의할 것).

〈보강 4〉
각과 복비

(162쪽)

각의 크기도 복비로 나타내 두면 우리들의 모델로 비유클리드 기하의 계산을 아주 구체적으로 할 수 있다. 계산의 세부적인 것은 생략하지만 간단히 보충할 수 있을 것으로 생각한다.

각의 꼭짓점은 어디에 있어도 되지만 이것을 우선 경영으로 북극 N에 옮겨둔다(〈그림 13〉의 A 참조). 그러면 N의 부분에서 각의 변 (NU), (NU′)에 접선을 그으면 평면 π와 평행이 되므로 각의 크기 θ는 〈그림 13〉의 B에서 선분 VU, V′U′이 O의

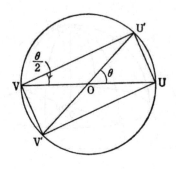

〈그림 13〉 B

부분에서 만드는 보통의 각 θ와 같아진다. 그러면 그림에서 알
수 있는 것처럼

$$\frac{U'U}{U'V} = \frac{V'V}{V'U} = \tan\frac{\theta}{2}$$

$$\therefore \tan^2\frac{\theta}{2} = \frac{U'U}{V'U} \cdot \frac{V'V}{U'V} = (U'V', UV)$$

$$* \ \tan\frac{\theta}{2} = \sqrt{\frac{U'U}{V'U} \cdot \frac{V'V}{U'V}} = \sqrt{(U'V', UV)}$$

경영으로 이 각을 다른 데로 옮겨도 우변의 복비의 값은 바뀌
지 않으므로 각의 꼭짓점은 어디에 있어도 각의 두 변의 각각
양끝 U′, V′, U, V의 복비로 *처럼 각의 크기를 계산할 수
있다.

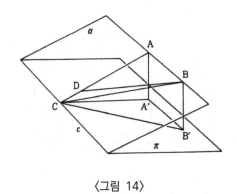

〈그림 14〉

〈보강 5〉
삼각형의 내각의 합, 다각형의 넓이

(174쪽)

삼각형의 내각의 합이 π보다 작다는 것을 증명하고, 다음으로 삼각형 $\triangle ABC$의 넓이는 각의 크기 A, B, C를 라디안으로 나타내면 $\pi-(A+B+C)$로 나타낼 수 있음을 증명한다. 먼저 보조 정리부터 시작하자.

보조 정리 1　두 평면 α와 π와의 교선 c상의 한 점을 C라 한다(〈그림 14〉 참조). AC는 c에 수직이고 α평면상의 각 $\angle$ ACB' 또는 $\angle ACB$의 π평면상에의 사영 $\angle A'CB'$이 예각이면 $\angle A'CB > \angle ACB$이다.

(증명)　AB//c라 해도 된다. 그러면 $AC \perp c$이므로 $AB \perp AC$이고 $A'B' \perp A'C$이기도 하다. 게다가 $AB = A'B'$ 동시에

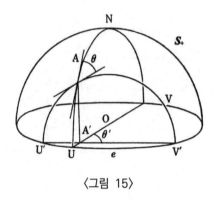

〈그림 15〉

AC>A′C. 그러면 AB상에 D를 잡아서 AD=A′C가 되도록 하면 △A′B′C≡△ABD

$$\therefore \ \angle A′CB′=\angle ADB>\angle ACB \qquad \text{(증명 끝)}$$

이것을 사용하면

보조 정리 2 〈그림 15〉의 (VU)는 북극 N을 지나는 직선이고 A는 반직선 (NU)상의 점이라 한다. 반직선 (AV′), (AV)가 이루는 각 θ, 또는 θ의 정사영 $\angle VA′V= \theta′$이 예각이면 $\theta<\theta′$이다.

(증명) A에 있어서 호 (AN), (AV′)에 그은 접선에 〈보조 정리 1〉을 적용하면 된다.

그래서 다음의

정리 삼각형의 내각의 합은 포보다 작다(〈그림 16〉 참조).

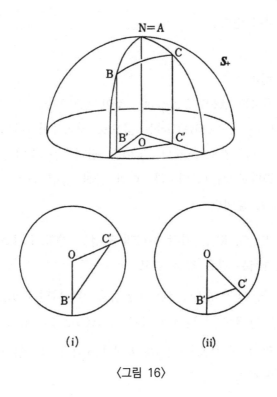

〈그림 16〉

(증명) (i) △ABC의 한 각 예컨대 ∠A가 직각 또는 둔각이라 한다. 경영으로 A를 북극 N에 옮긴 삼각형을 다시 △ABC라 한다(〈그림 16〉 참조). 그러면 ∠B, ∠C의 사영 ∠B′, ∠C′은 예각이므로 〈보조 정리 2〉에 의해서 ∠B < ∠B′, ∠C < ∠C′, 그러므로

＊ $A+B+C < A+B′+C′ = \pi$

(ii) △ABC의 내각이 모두 예각일 때도 보조 정리에 의하여

＊식이 성립한다.

삼각형의 넓이

△ABC에서는 A+B+C∠π라는 것이 증명되어 있으므로 △ABC의 넓이는 π-(A+B+C)라는 값으로 정의돼버린다. 약간 기묘하다고 생각될지도 모르나, 넓이를 정의하는 것이 수학에서는 가장 간단한 사고방법이다. 다만 물론 방침 없이 정의하는 것은 아니다. 넓이란

(ⅰ) 도형 P, Q, R 등 각각 하나씩 결정된 양의 수이고 합동의 도형에서는 같은 값을 갖고

(ⅱ) 도형 P, Q가 경계에서만 공통점을 갖는다면 P∪Q의 넓이는 P, Q 각각의 넓이의 합과 같다(〈그림 17〉참조).

(ⅲ) 하나의 특정의 도형(예컨대 주어진 하나의 삼각형)의 넓이는 1이라 한다.

위의 세 조건을 충족하는 것을 넓이라 정하자 하고 약속하는 것이다.

그래서 "△ABC의 넓이는 π-(A+B+C)이다."라고 정해도 (ⅰ), (ⅱ), (ⅲ)의 조건을 충족하지 않고서는 넓이가 되지 않으므로 그 증명이 필요하다.

예컨대 〈그림 18〉은 △ABD, △ADC가 경계(의 일부) AD를 공유하고 있으므로 각 삼각형의 넓이의 합이 △ABC의 넓이로 되어 있지 않으면 곤란하다. 그러나 이 경우에는 그림에서

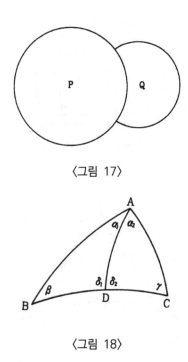

〈그림 17〉

〈그림 18〉

$\triangle ABD$의 넓이 $= \pi-(\alpha_1+\beta+\delta_1)$

$\triangle ADC$의 넓이 $= \pi-(\alpha_2+\delta_2+\gamma)$

$\triangle ABC$의 넓이 $= \pi-\{(\alpha_1+\alpha_2)+\beta+\gamma\}$ ($\because$ $\delta_1+\delta_2=\pi$)

가 돼서 (ii)의 조건은 충족하고 있다. 이와 같이 일반적으로 "삼각형을 어떻게 삼각형으로 분할해도 세분한 삼각형의 넓이의 합은 원래의 삼각형의 넓이가 된다."는 것을 증명할 수 있다.

　그리고 일반적으로 다각형 P의 넓이를 P를 삼각형으로 세분했을 때의 세분 삼각형의 넓이의 합으로 정의한다. 이리하여

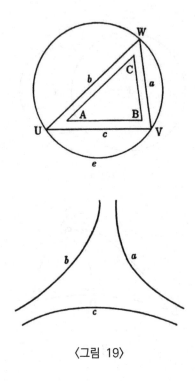

〈그림 19〉

정의한 다각형의 넓이가 (i), (ii), (iii)을 충족하는 것을 증명
하면 되는데, 크게 어렵지는 않지만 이 책의 정도를 넘어서므
로 생략한다.

재미있게도 모든 도형에 넓이가 정의되는 것은 아니다. 넓이
가 없는 도형도 존재한다.

굽은 도형의 넓이는 통상 적분을 사용해서 계산한다.

또한 S_+를 π평면에 사영한 모델로 말하면(〈그림 19〉 참조) 원
e상의 세 점(무한원점) U, V, W를 꼭짓점으로 하는 삼각형은

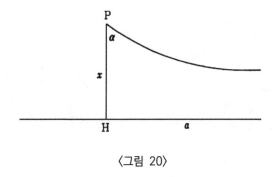

〈그림 20〉

비유클리드평면으로 그리면 세 개의 평행선 a, b, c가 되는 것
이어서 대충 말하면 꼭지각이 0인 삼각형이다. 따라서 넓이는
π이므로 U, V, W에 극히 가까운 A, B, C를 꼭짓점으로 하는
△ABC는 내각의 합이 얼마든지 작게, 넓이는 얼마든지 π에
가깝게 할 수 있지만 정확히 넓이가 π가 되는 것 같은 삼각형
이라는 것은 없다(84~85쪽 '가우스의 편지' 참조).

〈보강 6〉
평행선각의 계산

(173~174쪽)

직선 α상에 없는 점 P에서 이것에 수선 PH를 내렸을 때 P
에서 α에의 평행선과 PH=x가 이루는 각 α(〈그림 20〉 참조)를
로바체프스키는 평행선각이라 이름 붙이고, 이것을

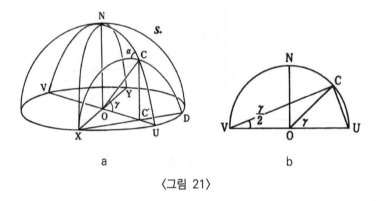

a   b

〈그림 21〉

$$\alpha = \Pi(x)$$

로 나타냈다[이 책에서는 $\theta(x)$라고도 적었다]. 그러면

$$\tan\frac{\Pi(x)}{2} = e^{-\frac{x}{k}}$$

가 된다는 것이 로바체프스키, 볼리아이의 중요한 정리이다
(115쪽). 이것을 우리들의 모델로 구해 보자.

직선 (XY), (UV)는 북극 N에서 직교하고 있는 것으로 하고
직선 (XD)는 (VU)상의 점 C를 지나서 (XY)에 평행인 직선이
라 하자. 〈그림 21〉 A, B로부터 알 수 있는 것처럼 $\angle UOC=\gamma$
로 두면 $\angle UVC=\gamma/2$ 및 NU=NV이므로 $\overline{NC}=x$라 두면

(1) $x=\overline{NC}=\text{klog}\dfrac{N}{CU} \cdot \dfrac{CV}{NV}=\text{klog}\dfrac{CV}{CU}=\text{klogcot}\dfrac{\gamma}{2}$

또 XU=XV이므로 평행선각 α는 각의 공식(196쪽 *)에서

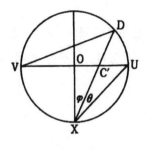

〈그림 22〉

$$\tan\frac{\alpha}{2}=\sqrt{\frac{DU}{XU}\cdot\frac{XV}{DV}}=\sqrt{\frac{DU}{DV}} \quad \therefore\tan^2\frac{\alpha}{2}=\frac{DU}{DV}$$

C에서 평면 π에 수선 CC′을 내리면 C′은 선분 UV, XD의 교점이 되므로

OC′ = cosγ

가 되는데 π평면상만의 그림을 별도로 그리면(〈그림 22〉 참조)

$$\tan\theta=\frac{DU}{DV}=\tan^2\frac{\alpha}{2} \text{ 로 돼서 그림으로부터}$$

$$OC'=\tan\phi=\tan\left(\frac{\pi}{4}-\theta\right)=\frac{1-\tan\theta}{1+\tan\theta}=\frac{1-\tan^2\dfrac{\alpha}{2}}{1+\tan^2\dfrac{\alpha}{2}}$$

$$=\cos^2\frac{\alpha}{2}-\sin^2\frac{\alpha}{2}=\cos\alpha$$

$$\therefore\cos\gamma = OC' = \cos\alpha$$

⑵ $\alpha = \gamma$ 즉

"평행선각 α는 OC가 OU와 이루는 각 γ와 같다."라는 '뜻
밖의 관계'를 알 수 있다. 이것을 ⑴에 대입하면

$$x = k \log \cot \frac{\alpha}{2} \qquad \therefore e^{\frac{x}{k}} = \cot \frac{\alpha}{2}$$

$$\therefore \tan \frac{\Pi(x)}{2} = e^{-\frac{x}{k}}$$

이것이 로바체프스키, 볼리아이의 정리였다.

〈보강 7〉
직각 삼각형의 세 변 사이의 관계

쌍곡선 기하에서 피타고라스의 정리에 대응하는 직각 삼각형
의 세 변 사이의 관계를 내 보자.

선분 AB의 길이는 A, B를 VU에 사영한 A′, B′을 사용해도
계산할 수 있는 것은 194쪽의 ⑴을 보면 알 수 있다. 그를 위
해서는 다음의 등식을 사용하면 된다.

$$\frac{AU}{BU} \cdot \frac{BV}{AV} = \sqrt{\frac{A'U}{B'U} \cdot \frac{B'V}{A'V}} \quad \text{또는}$$

$$(AB, UV) = \sqrt{(A'B, UV)}$$

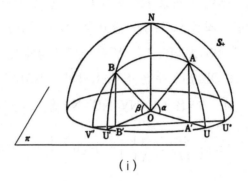

(i)

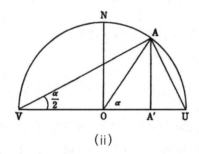

(ii)

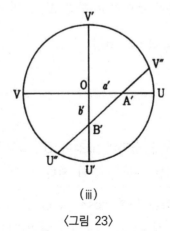

(iii)

〈그림 23〉

그래서 지금 N에서 직교하는 직선 (VU), (V'U')과 이들과 A, B에서 교차하는 직선 (V"U")을 잡고 A, B에서 평면 π에 수선 AA', BB'을 내리면 A', B', U", V"은 일직선상에 늘어선다. 또 ∠UOA=α, ∠U'OB=β라 두면 직각 삼각형 △NAB에서 변 NA, NB의 길이 $\overline{NA}$, $\overline{BN}$은 NU=NV=NU'=NV'을 고려하면

$$\overline{NA} = k\log\left(\frac{NU}{AU} \cdot \frac{AV}{NV}\right) = k\log\frac{AV}{AU} = k\log\cot\frac{\alpha}{2}$$

$$\overline{NB} = k\log\left(\frac{NU'}{BU'} \cdot \frac{BV'}{NV'}\right) = k\log\frac{BV'}{BU'} = k\log\cot\frac{\beta}{2}$$

AB의 길이 $\overline{AB}$는 A', B'을 사용하면

$$\overline{AB} = k\log\left(\frac{AU''}{BU''} \cdot \frac{BV''}{AV''}\right) = k\log\sqrt{\frac{A'U''}{B'U''} \cdot \frac{B'V''}{A'V''}}$$

이 되므로 근호(根號) 중의 복비를 계산하지 않으면 안 된다. 그래서 π평면상의 문제가 되므로 〈그림 23〉의 (iii)은 지평면을 xy평면이라고 간주한 것이라고 하면 A', B'의 좌표는

A'(cosα, 0), β'(0, cosβ),

원의 식은

$$x^2+y^2-1=0$$

그래서 직선 A'∪B'과 원과의 교점이 U", V"이 되고 네 점 A', B', U", V"의 복비를 구하는 것이 된다.

잠시 간단하게 하기 위해 cosα=p, cosβ=q라 두면 A'(p, 0), B'(0, q)을 지나는 직선상의 점은 t를 파라미터로 하여

x=pt, y-q=-qt

라 적을 수 있다. 이것을 원의 식에 대입하면

$$p^2 t^2 + q^2 (1-t)^2 - 1 = 0$$

$$\therefore (p^2 + q^2)t^2 - 2q^2 t + q^2 - 1 = 0 \ (*)$$

이 근을 t_1, t_2라 하면 A′, B′, U″, V″의 좌표는 직선 A′UB′상 에서는 t=1, 0, t_1, t_2가 되므로 네 점의 복비는

$$\frac{A'U''}{B'U''} \cdot \frac{B'V''}{A'V''} = \frac{t_1 - 1}{t_1 - 0} \cdot \frac{t_2 - 0}{t_2 - 1} = \frac{t_1 t_2 - t_2}{t_1 t_2 - t_1}$$

(*)로부터

$$t_1, \ t_2 = \frac{q^2 \pm \sqrt{q^4 - (p^2 + q^2)(q^2 - 1)}}{p^2 + q^2}$$

$$= q^2 \pm \frac{\sqrt{p^2 + q^2 - p^2 q^2}}{p^2 + q^2}$$

$$t_1 t_2 = \frac{q^2 - 1}{p^2 + q^2}$$

그래서 이것을 위의 복비의 식에 넣으면

$$\frac{A'U''}{B'U''} \cdot \frac{B'V''}{A'V''} = \frac{-1 + \sqrt{p^2 + q^2 - p^2 q^2}}{-1 - \sqrt{p^2 + q^2 - p^2 q^2}}$$

$$= \frac{(1 - \sqrt{p^2 + q^2 - p^2 q^2})^2}{1 - \sqrt{p^2 + q^2 - p^2 q^2}}$$

여기서 p=cosα, q=cosβ라고 되돌려 $\overline{AB}$의 식에 넣으면

$$\overline{AB} = k \log \frac{1 - \sqrt{1 - \sin^2\alpha \, \sin^2\beta}}{\sin\alpha \, \sin\beta}$$

이것을 $k \log \cot \frac{\gamma}{2}$라 두어서 $\overline{NA}$, $\overline{NB}$, $\overline{AB}$의 식을 바라본다. 이 마지막의 식은

$$\frac{1 - \sqrt{1 - \sin^2\alpha \, \sin^2\beta}}{\sin\alpha \, \sin\beta} = \cot \frac{\gamma}{2}$$

라 둔 것이 되므로 이 등식으로부터

$$\cot \frac{\gamma}{2} + \tan \frac{\gamma}{2}$$

의 계산을 하든지 하여

$$\sin\alpha \, \sin\beta = \sin\gamma \qquad * \ *$$

가 나오는 것은 이것이야말로 종이와 연필로 바로 알 수 있다. 여기서 〈보강 6〉의 (2)에 나온 '뜻밖의 관계'를 상기시켜 보면 α, β, γ는 변 NA, NB, AB의 평행선각이었으므로 $\alpha = \Pi(\overline{NB})$ 등이 라 고쳐 적고 거듭 $\overline{NA}$=a, $\overline{NB}$=b, $\overline{AB}$=c라 적으면(그림 24)

"직각을 끼는 변이 a와 b, 빗변이 c인 직각 삼각형에서는

$\sin\Pi(a) \, \sin\Pi(b) = \sin\Pi(c)$

가 성립한다.

라는 로바체프스키의 공식 하나가 얻어졌다.

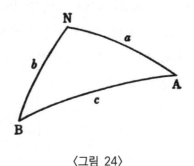

〈그림 24〉

　로바체프스키는 평행선이 두 개 있다는 가정만을 사용하여 가우스도 혀를 내두를 것 같은, 볼리아이도 격찬한 뛰어난 방법을 생각해 내서 직각 삼각형의 변, 각 사이의 모든 관계를 시원스레 내고 있다. 여기서는 모델을 사용하면 이러한 것도 할 수 있다는 모델의 위력을 보여주는 사소한 증명을 한 것뿐이다. 그러나 그 중에서도 '뜻밖의 관계'가 발견된 것처럼 제2, 제3의 '생각지도 못한 관계'를 독자들이 꼭 연구해 주었으면 한다.

〈보강 8〉
곡면 S₊상의 미분 기하와 원둘레의 길이

　S₊상의 곡선의 길이 특히 반지름 r의 원둘레의 길이를 구해 보자.

〈그림 25〉처럼 북극 N과, N에서 r의 거리에 있는 점 A를 지나는 직선을 (V_0U_0)라 한다. 다만 A는 반직선 (NU_0)상에 있는 것으로 한다. 다음으로 A에서 π평면에의 사영을 A´이라 하고 $\angle U_0OA=\alpha$라 두면 r=$\overline{NA}$는

$$(1)\quad r= \overline{NA} = k\log(NA,\ U_0V_0) = k\log\left(\frac{NU_0}{AU_0} \cdot \frac{AV_0}{NV_0}\right)$$

$$= k\log \frac{AV_0}{AU_0} = k\log\cot\frac{\alpha}{2}$$

다음으로 A에서 (V_0U_0)와 직교하는 직선 $(V'U')$을 긋고 그 위에 한 점 B를 잡아 N, B를 지나는 직선과 (V_0U_0)와 이루는 각을 θ라 한다. B의 π에의 사영을 B´이라 하면 $\angle U_0OB´=\theta$이기도 하므로

A´B´=OA´ $\tan\theta$=$\cos\alpha$ $\tan\theta$

그런데 194쪽의 (1)식과 마찬가지로[〈그림 25〉(i)(ii)(iii) 참조]

$$(AB,\ U'V')^2$$

$$= \left(\frac{AU'}{BU'} \cdot \frac{BV'}{AV'}\right)^2 = \frac{BV'^2}{BU'^2} = \frac{V'B'}{B'U'} \cdot \frac{V'U'}{V'U'}$$

$$= \frac{V'B'}{B'U'}$$

그래서 V´A´=$\sin\alpha$가 되는 것에 주의하면

$$\overline{AB} = k\log(AB,\ U'V') = \frac{k}{2}\log(AB,\ U'V')^2$$

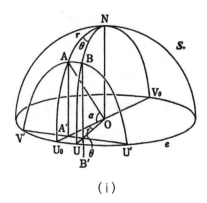

(i)

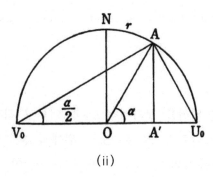

(ii)

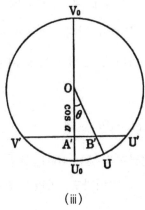

(iii)

〈그림 25〉

$$= \frac{k}{2} \log \frac{V'B'}{B'U'} = \frac{k}{2} \log \frac{V'A' + A'B'}{A'U' - A'B'}$$

$$= \frac{k}{2} \log \frac{\sin\alpha + \cos\alpha \tan\theta}{\sin\alpha - \cos\alpha \tan\theta}$$

그래서 B를 (V'U')상에서 끝없이 A점에 접근시키면

$\overline{AB}/\theta$의 극한은 미분의 정의로부터

(2) $\displaystyle\lim_{\theta\to 0} \frac{\overline{AB}}{\theta} = \left[\frac{d\overline{AB}}{d\theta}\right]_{\theta=0}$

$= \frac{k}{2}\left[\frac{1}{\sin\alpha + \cos\alpha tna\theta}\frac{\cos\alpha}{\cos^2\theta} + \frac{1}{\sin\alpha - \cos\alpha\tan\theta}\frac{\cos\alpha}{\cos^2\theta}\right]_{\theta=0}$

$= k\cot\alpha$

가 된다.

이 기하학적 의미를 교과서적으로가 아니고 직관적으로 설명하면 이러하다. 〈그림 26〉은 S₊를 위에서 본 그림이다. $\varGamma$는 N 중심, 반지름 r의 원이라 하면 θ가 끝없이 작을 때는 호 $\widehat{AA_1}$은 끝없이 작고, 동시에 $\overline{AB} + \overline{BA_1}$에 끝없이 같고 그 절반인 $\widehat{AB_1}$은 $\overline{AB}$에 끝없이 같다. 끝없이 작다는 것을 미분소(微分小)라 하고 d로 나타내며, $d\overline{AB}_1 = ds_1$이라 적으면 (2)는 직관적으로

(3) $ds_1 = dAB = k\cot\alpha d\theta$

라 적을 수 있다. 지금까지 A는 (NU₀)상의 점으로 하였지만 A는 원둘레 $\varGamma$상의 어느 점이라도, 따라서 θ가 0에 가까운 부분

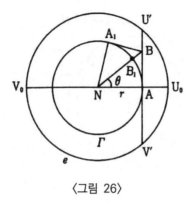

〈그림 26〉

이 아닐 때에도 위의 극한식은 성립하는 것을 그림과 같이 알 수 있으므로(dθ는 θ가 끝없이 약간 증가한 양이라 생각한다. ds₁도 같다) 무한소의 ds₁을 Γ상에서 전부 더한 것, 즉 원둘레 Γ의 길이 L은 적분의 형태로 적어서

$$(4) \quad L = \int_0^L ds_1 = \int_0^{2\pi} k\cot\alpha\, d\theta = 2\pi \cdot k\cot\alpha$$

이 cotα를 반지름 r로 나타내려면 (1)로부터

$$e^{\frac{r}{k}} = \cot\frac{\alpha}{2}$$

$$\therefore \cot\alpha = \frac{\cos\alpha}{\sin\alpha} = \frac{\cos^2\dfrac{\alpha}{2} - \sin^2\dfrac{\alpha}{2}}{2\sin\dfrac{\alpha}{2}\cos\dfrac{\alpha}{2}} = \frac{1}{2}\left(\cot\frac{\alpha}{2} - \tan\frac{\alpha}{2}\right)$$

$$= \frac{1}{2}\left(e^{\frac{r}{k}} - e^{-\frac{r}{k}}\right)$$

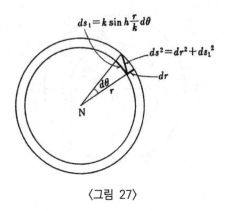

$$ds_1 = k \sin h \frac{r}{k} d\theta$$

$$ds^2 = dr^2 + ds_1^2$$

$$dr$$

$$d\theta$$
$$r$$

N

〈그림 27〉

$\sin x = \dfrac{1}{2}(e^{tx} - e^{-tx})$라는 오일러의 관계가 있으므로 이것과

닮은 형태의 $\dfrac{1}{2}(e^x - e^{-x})$를 sinh$x$라 적는 일이 있다. 그렇게

하면 위의 식은

$$(5) \quad \cot \alpha = \frac{1}{2}\left(e^{\frac{r}{k}} - e^{-\frac{r}{k}} \right) = \sin h \frac{r}{k}$$

라 적을 수 있다. 따라서 원둘레의 길이 L은 (3)으로부터

$$(6) \quad L = 2\pi k \sin h \frac{r}{k} = \pi k \left(e^{\frac{r}{k}} - e^{-\frac{r}{k}} \right)$$

또한 가우스의 표현방법을 사용하면 S₊상의 곡선의 미분소
ds는 무한소의 장소에서는 피타고라스의 정리가 성립하는 것으
로 생각해서

$$(7) \quad ds^2 = dr^2 + ds_1^2 = dr^2 + k^2 \, Sin h^2 \frac{r}{k} d\theta^2$$

으로 나타낼 수 있다(〈그림 27〉 참조). 다만 ds^2은 $(ds)^2$, 기타도 마찬가지이다.

(7)의 형태의 식은 가우스의 곡면론에서 처음으로 도입된 것이지만, 가우스의 경우는 유클리드공간에 보통으로 들어가 있는 곡면에 대한 곡면론이므로 우리가 지금까지 S_+상에서 생각해 온 것 같은 색다른 길이는 아니었다. S_+와 같이 모습은 유클리드공간에 들어가 있어도 길이가 보통의 길이가 아닌 것은 리만이 처음으로 추상적으로 도입하였기 때문에 이러한 미분적인 길이가 들어가 있는 기하를 리만 기하라 한다.

위에서 구한 S_+상의 원둘레의 길이는 앞에서 말한 것처럼 가우스의 편지에는 나와 있지만, 어떻게 해서 구한 것인지는 모르고 있다.

〈보강 9〉
유리덩어리 3개를 갈아서 맞추어 평면을 만들 수 있는가

〈그림 1-31〉에서 유리덩어리 두 개를 끈기 있게 갈아서 잘 맞추어 가면(두 개 사이에는 연마분을 넣는 것이지만) 구면이 만들어지지만, 세 개를 사용하면 평면이 만들어진다고 하는 이야기를 하였다. 정말 평면이 만들어지는 것일까? 〈그림 1-46〉에서도 이것과 똑같은 것을 구면상에서 하는 이야기가 나와 있다.

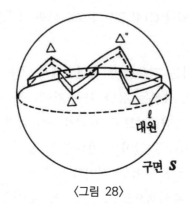

〈그림 28〉

여기서는 위의 그림처럼 구면에 딱 붙은 세 개의 유리자 △, △′, △″을 갈아서 맞추면 구면상에서는 완전히 직선적인 곧은 선이 만들어지는 것인데 구면의 밖으로부터 보면 아무것도 아닌, 큰 원(大圓)이라 칭하는 유한의 크기의 원에 불과하다.

이것과 마찬가지의 것이 혹시 우리의 공간에서도 일어나고 있는 것은 아닐까. 세 개의 유리판을 두 개씩 어떻게 갈아서 맞추어도 딱 붙기는 붙지만, 이것으로부터 과연 틀림없이 무한으로 퍼진 평면을 만들 수 있는 것일까. 우리가 완전한 평면이라고 생각하고 있는 이 평면이 밖의 공간으로부터 바라보면 실은 구면이었다라는 것은 아닐까?

이 '밖의 공간'이라는 것이 우리의 사고범위를 한층 넓힌다. 보통 구면의 '밖의 공간'이란, 우리가 살고 있는 3차공간 E^3을 말하는 것으로 구면이란 구체 B^3의 표면, 유클리드의 말을 사용하면 B^3의 경계 S^2이고, 차원에서 말하면 2차원의 세계이다. 그래서 만일 우리가 사는 3차원공간의 '밖에' 4차원의 공간 E^4

이 있고 그 속의 유한의 장소에 4차원의 물체 B^4이 있고 그 표면으로 되어 있는 3차원 도형 S^3이 실은 우리들의 공간이었다고 하면 어떨까. 2차원 구면상에서 똑바르다, 똑바르다라고 법석거리고 있던 큰 원이 E^3로부터 보면 아무것도 아닌 단순한 원이었다는 것과 마찬가지로 3차원 구면 S^3에서 평면이다, 평면이다라고 굳게 믿고 있던 것이 E^4로부터 보면 실은 구면 S^2에 불과하게 된다. 이것은 3차원을 4차원이라고 바꿔 말하고 2차원을 3차원이라 바꿔 말하는 단순한 숫자노름을 하고 있는 것은 아니다. 4개의 실수의 조$(x_1,\ x_2,\ x_3,\ x_4)$를 점이라 이름 붙여 이들 모든 점의 집합을 4차원 공간 E^4이라 이름 붙여서 속의 3차원적 구면 S^3을

$$x_1{}^2 + x_2{}^2 + x_3{}^2 + x_4{}^2 = r^2$$

으로 정의하여 논의를 하면 4차원 공간 속에 리만적인 비유클리드적 입체 기하가 수학적으로는 훌륭히 만들어진다. 이것이 실은 현실의 공간이고 기하일지도 모른다.

현실의 공간이 어떠한 것인가 등, 인간으로서는 도저히 알 수 없을 것 같기도 하지만, 사람이 발견한 수학이라는 극히 간단하고 정밀한 무기를 바탕으로 하여 다소라도 자연현상을 해명하려고 노력하는 것은 우리들 인간의 하나의 커다란 삶의 보람이 아닐까?

후기

지금까지 몇 번 잡지에 게재하거나 책에 적거나 한 것[예컨대 참고문헌 (1)]을 마음 편히 적은 다음, 역사다운 것까지 다소 넣어 보았다.

비유클리드 기하의 발견이라는 것은 수학사상 일어난 보기드문 큰 사건이지만, 내가 이 대단한 로맨스의 일단조차 보여드리는 아름다운 필치를 갖고 있지 않은 것은 참으로 유감이다. 가우스의 전기만으로는 (2)가 재미있고 또 상세하다. 이 책에서 '비운의 부자'라 형용한 늙고 젊은 두 볼리아이에 대해서는 슈테켈의 대작 (3)에 비화(悲話)가 『시론』(텐터멘)의 독일어역과 함께 상세히 서술되어 있어, 읽는 사람의 심금을 울린다. 로바체프스키에 대해서는 가우스, 볼리아이와 함께 (4)가 러시아인의 견해도 알 수 있어 좋지 않나 생각된다. 비유클리드 기하의 사상적인 배경에 대해서는 (5)가 잘 알려져 있다.

비유클리드 기하의 존재만이라면 모델을 만드는 것으로 이미 문제는 해결된 셈인데 앞으로 어느 정도까지 비유클리드 기하를 연구할 필요가 있는지, 그 가치판단을 하려다 보면 매우 어렵다.

이 미지의 영역을 개척하려면 꿈과 용기와 힘(수학을 자유로이 조작하는 기술)의 세 가지를 갖춘 천재가 필요하다고 생각된다. 이 세 가지는 젊은 사람만이 가지는 특권이다.

이 책이 특히 젊은 분들에게 무언가의 도움이 될 것을 마음

으로부터 바란다. 끝으로 이 책의 출판에 있어서 여러 가지 신
세를 진 고단샤의 스에다케 신이치로 씨, 야나다 와사이 씨에
게 깊이 감사드린다.

데라사카 히데다카

비유클리드 기하의 세계

기하학의 원점을 탐구하다

초판 1쇄   1995년 08월 15일
개정 1쇄   2019년 11월 04일

지은이   데라사카 히데다카
옮긴이   임승원
펴낸이   손영일
펴낸곳   전파과학사
주소   서울시 서대문구 증가로 18, 204호
등록   1956. 7. 23. 등록 제10-89호
전화   (02) 333-8877(8855)
FAX   (02) 334-8092
홈페이지   www.s-wave.co.kr
E-mail   chonpa2@hanmail.net
공식블로그   http://blog.naver.com/siencia

ISBN 978-89-7044-909-8 (03410)
파본은 구입처에서 교환해 드립니다.
정가는 커버에 표시되어 있습니다.

도서목록
현대과학신서

도서목록

BLUE BACKS